우리가 미처 몰랐던 인류의 진화

가볍게 꺼내 읽는 사피엔스

장바티스트 드 파나피외 | 이지은

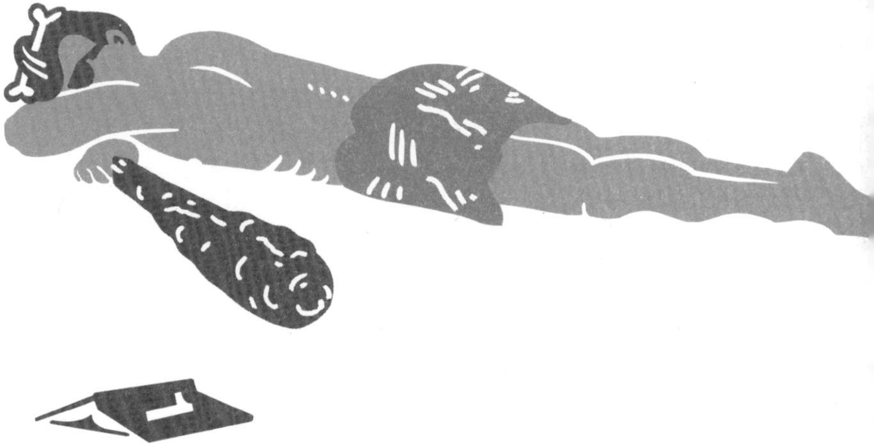

북스힐

Originally published in France as:
Sapiens à la plage - L'origine de l'homme dans un transat,

by Jean-Baptiste DE PANAFIEU

차례

프롤로그

사피엔스의 등장

호모 사피엔스의 줄임말인 사피엔스는 약 30만 년 전 아프리카에서 처음 등장했다. 현생 인류의 조상인 초기 사피엔스는 수백만 년 전 아프리카 대륙에 터를 잡고 직립보행한 **호미니드**(사람과科)의 후손이다. 여러 지역에 흩어져 살아간 호미니드는 오랜 시간이 흐른 뒤 서로 다른 특성을 지닌 자손을 낳았다. 지구상에 한 가지 종 이상의 인류가 살았던 적이 수차례나 있었던 것이다.

지난 수십 년간 고인류학자들은 인류의 기원에 대한 이야기를 재구성해왔다. 이들이 그린 인류의 **계통수**, 즉 족보는 가지가 매우 무성하다. 이렇게 수많은 줄기에서 인류의 계보가 어떻게 탄생한 것일까? 인간의 진화는 점진적으로 이루어진 것일까, 아니면 중대한 몇 가지 변화에 따른 결과일까? 그렇다면 진화를 통해 언제, 어떻게 인간이 된 것일까? 이 중 몇 가지 질문에는 일부분이라도 답을 찾았지만, 그 답변들은 또다시 새로운 의문점들을 불러일으킨다.

스페인의 시마 데 로스 우에소스 동굴, 남아프리카 공화국의 스테르크폰테인 동굴, 조지아의 드마니시, 인도네시아의 플로레스섬 등지에서 점점 더 많은 유골 화석이 발견되고 있다. 정교한 발굴 기술이 개발된 덕분에, 이제 옛 인류가 어떤 환경에서 살았는지도 추측할 수 있게 되었다. 바위의 안쪽을 조사하는 것은 물론 두개골 화석의 가장 미세한 부분을 관찰하는 것도 가능해졌다. 유골의 화학 성분을 분석하면 생전에 어떤 음식을 주로 먹었는지까지 알아낼 수 있다. 그중에서도 가장 괄목할 만한 발전은 선사시대 인류의 DNA를 분석할 수 있게 된 것이다. 이 기술이 실용화된 지 10년도 채 안 되었으나 이를 통해 고유전학에서는 이미 놀라운 사실들을 발견해 냈다. 아무도 생각하지 못했던 종이 지구상에 존재했던 것이나, 서로 다른 종의 인류가 교배한 증거를 찾아낸 것이다. 우리는 이러한 역사의 흔적을 여전히 몸 안에 간직하고 있다.

인류의 기원은 사회적, 정치적으로 민감한 주제이다. 여전히 많은 이가 단단한 암석과 유골에서 과거를 알아내려 하기보다는 종교적 신화를 더 믿으려 한다. 인류의 뿌리가 동물에서 시작되었으며 더딘 발달 과정을 거쳤다는 현실을 마주하려 하지 않는 것이다. **고인류학**의 역사는 우리가 살아가는 사회의 이야기이기도 하다. 어떤 국가에선 국민들의 자긍심을 고취하기 위해 자신들의 조상이 다른 나라의 조상보다 더 뿌리 깊다거나 뛰어난 민족임을 밝혀내도록 연구자들을 채근하기도 한다. 인류의 기원보다는 국가의 기원을 찾는 데 열중인 것이다.

물론 오늘날 우리가 이야기하는 역사는 완성된 것이 아니다. 새로운 사실들이 발견됨에 따라 내용이 더욱 풍부해질 수도 있고, 책의 한 부분을 다시 써야 할 수도 있다. 고인류학을 통해 우리가 누구인지 더 잘 이해할 수 있고, 인류의 다양성을 총체적인 관점에서 바라볼 수 있다. 인간의 진화에 대한 연구가 흥미로운 것은 단순히 우리의 기원뿐 아니라 본질을 알게 해주기 때문이다.

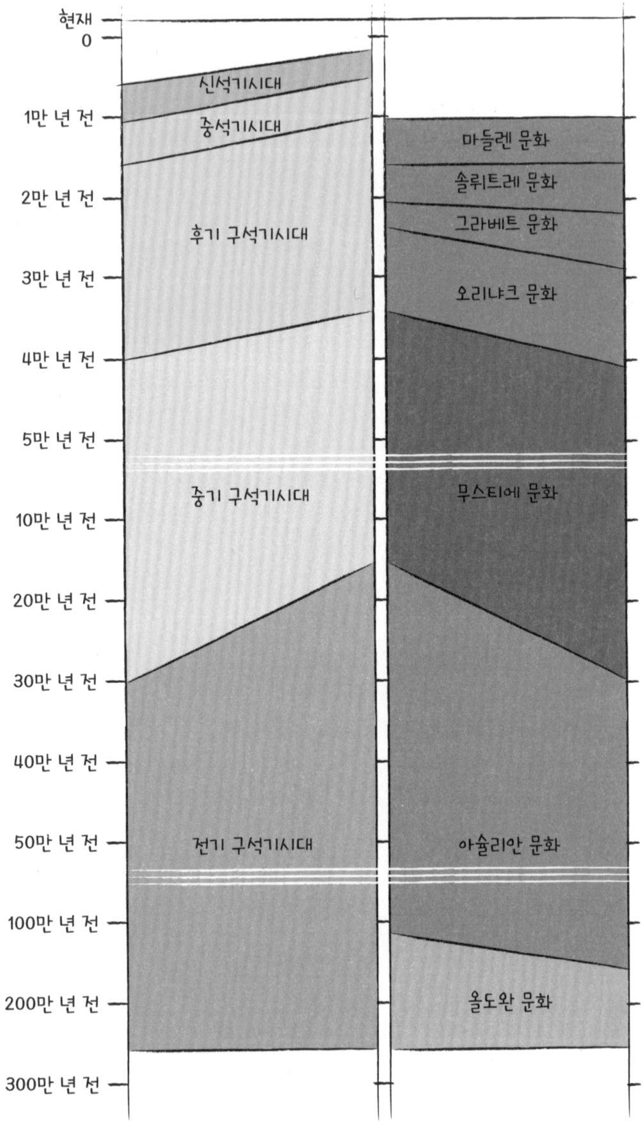
현재
0
1만 년 전
2만 년 전
3만 년 전
4만 년 전
5만 년 전
10만 년 전
20만 년 전
30만 년 전
40만 년 전
50만 년 전
100만 년 전
200만 년 전
300만 년 전
신석기시대
중석기시대
후기 구석기시대
중기 구석기시대
전기 구석기시대
마들렌 문화
솔뤼트레 문화
그라베트 문화
오리냐크 문화
무스티에 문화
아슐리안 문화
올도완 문화

연대별 시대와 문화

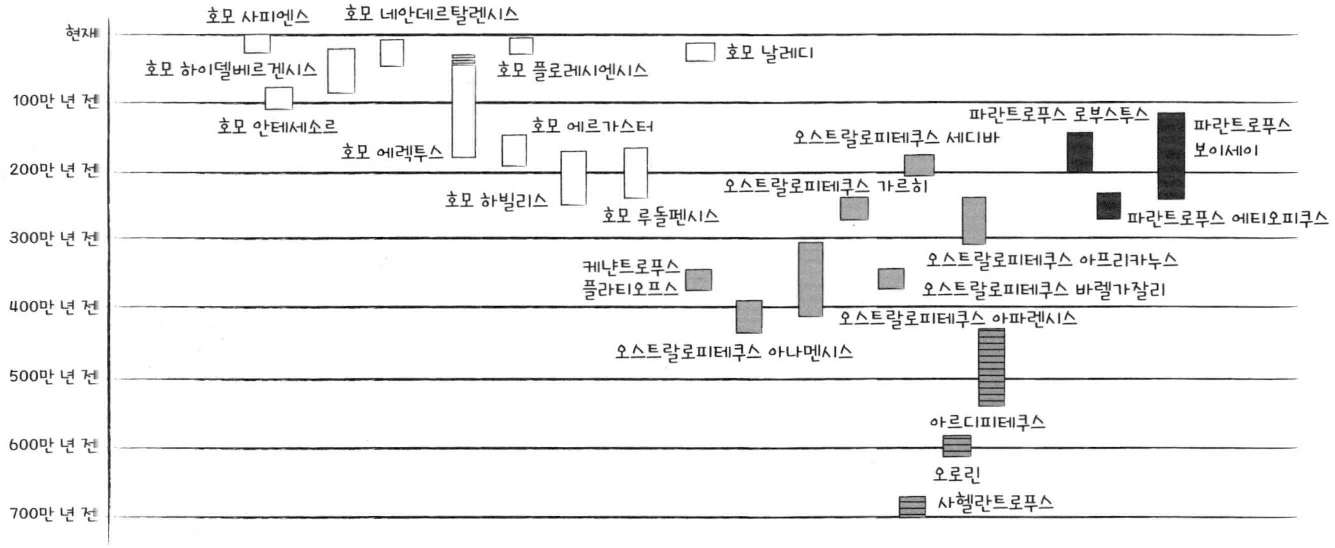

유골 화석에 따른 호미닌의 연대별 분포

1장

인류의 기원

인간과 침팬지는 유사한 점이 많다. 그중 하나는 공통된 직계 조상으로부터 계보가 갈라져나왔다는 것이다. 우리는 21세기에 들어서야 인류의 먼 조상인 초기 호미닌들에 대한 구체적인 생각을 정립할 수 있었다.

인류 역사의 시발점은 언제일까?

320만 년 전 생존했던 루시Lucy는 세상에 가장 널리 알려진 호미닌 화석 중 하나이다. 하지만 루시가 인류 역사의 시발점은 아니다. 인류의 계보는 다양한 지점에서 시작할 수 있다. 초기 호모 사피엔스가 나타난 30만 년 전부터 시작할 수도 있고 초기 호미닌이 등장한 700만~1,000만 년 전으로 거슬러 올라갈 수도 있다. 아니면 초기 영

« 인류의 조상은 뾰족한 귀와 꼬리가 달린 털로 뒤덮인 포유류이다. 구세계에 살았던 이들은 나무 위에서 생활한 것으로 보인다. »

찰스 다윈, 1871

장류가 세상에 나타난 5,500만 년 전이나 최초의 포유류가 등장한 2억 2,000만 년 전, 더 나아가 척추동물이 처음 등장한 5억 5,000만 년 전을 기점으로 삼을 수도 있다.

동물학적 관점에서 보면 우리는 호미닌에 속한다. 호미닌은 오스트랄로피테쿠스처럼 침팬지보다는 인간에 가까운 모든 영장류를 포함하는 집단이다. 인류의 마지막 조상을 초기 호미닌으로 규정하는 것이 끌리는 이유는, 이때가 인간의 역사가 현재 살아 있는 다른 모든 동물의 역사와 분리되는 시점이기 때문이다.

고생물학과 분자학의 자료에 따르면 인류와 침팬지의 **마지막 공통 조상**은 500만~1,000만 년 전 아프리카에서 살았던 것으로 추정된다. 연대 범위가 이처럼 넓은 것은 두 학계의 의견이 상이하기 때문이다. 화석 잔해를 분석한 결과는 이 시기를 700만~800만 년 전 혹은 그보다 더 오래전으로 추정하지만, 분자생물학계에서는 500만~700만 년 전일 것이라고 주장한다. 이처럼 추정 연대가 다른 이유는 공통 조상에서 갈라진 두 계보가 서로 교배했기 때문일 수도 있다. 이런 경우에는 두 종의 분화가 오랜 기간에 걸쳐 일어난다.

인간과 침팬지의 공통 조상이 공동체를 이루어 살았고 채식을 했다는 것 외에는 밝혀진 사실이 거의 없다. 네 발로 걸었는지 두 발로 걸었는지도 알 수 없다. '사족보행'을 했다면 호미닌으로 분화된 뒤 특유의 직립보행을 습득한 것으로 보인다. 반대로 '이족보행'을 했다면 영장류의 조상들은 두 발로 걸었지만 침팬지 때에 와서 다시 네 발로 걷게 된 것으로 추정할 수 있다. 침팬지는 주먹을 쥔 채 두 번째 손가락에 체중을 실어서 걷는 너클보행knuckle-walking을 하기 때문이다.

인간과 침팬지의 마지막 공통 조상은 여전히 미지의 대상이지만 몇몇 화석을 통해 외형을 짐작해볼 수 있다. 2000년 케냐에서는 600만 년 전에 생존했던 유골 화석이 발견되었다. 분석을 담당한 고인류학자 마틴 픽퍼드Martin Pickford와 브리지트 스뉘Brigitte Senut는 이 화석을 오로린 투게넨시스*Orrorin tugenensis*라는 새로운 종으로 분류했다. 이 화석 인류는 대퇴골 경부의 안쪽 구조로 보아 직립보행을 할 수 있었고 숲에서 살았으며 나무를 잘 탔던 것으로 밝혀졌다.

그로부터 1년 뒤 고인류학자 미셸 브뤼네Michel Brunet가 차드에서 사헬란트로푸스 차덴시스*Sahelanthropus tchadensis*를 발견했다. 700만 년 전으로 추정되는 이 호미닌의 두개골에는 투마이Toumaï라고 이름 붙였다. 대후두공의 위치로 볼 때 투마이도 직립보행을 했던 것으로 추정된다. 대후두공은 뇌와 척수를 연결해주는 두개골의 구멍인데, 인간의 대후두공은 두개골 밑에 위치해 두개골이 척추 바로 위에 붙어 있지만, 침팬지는 다른 네 발로 걷는 동물들이 그렇듯

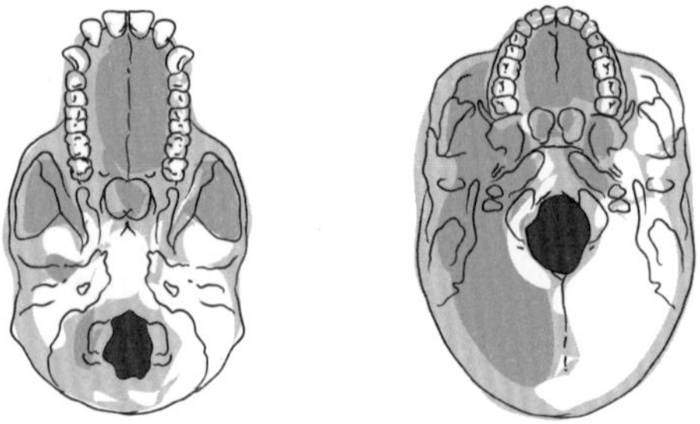

침팬지와 인류의 대후두공 비교

이 대후두공이 두개골 뒤편에 위치한다.

그러나 투마이의 유해는 완전하지 않았기 때문에 호미닌의 역사에서 어느 시기에 살았는지 추정하기가 쉽지 않았다. 어떤 고인류학자들은 투마이가 침팬지나 고릴라의 조상 계보에 속한다고 보기도 한다. 연대가 불확실한 또 다른 이유는 유인원과 사람이 갈라지는 계보에 근접한 호미니드의 생김새가 모두 비슷하기 때문이다. 투마이의 두개골이 발견된 장소에서 나온 대퇴부 뼈를 분석하면 이 화석종이 영장류의 가계도에서 어디쯤 위치하는지 더 많은 정보를 얻을지도 모른다.

주목할 만한 또 다른 화석종은 투마이보다 유해가 더 온전히 보존되어 있고, 더 최근에 생존한 아르디피테쿠스 라미두스*Ardipithecus ramidus*이다. 미국인 고인류학자 팀 D. 화이트Tim D. White는 에티오피아의 여러 유적지에서 발견된 수천 개의 뼛조각을 15년간 연구해,

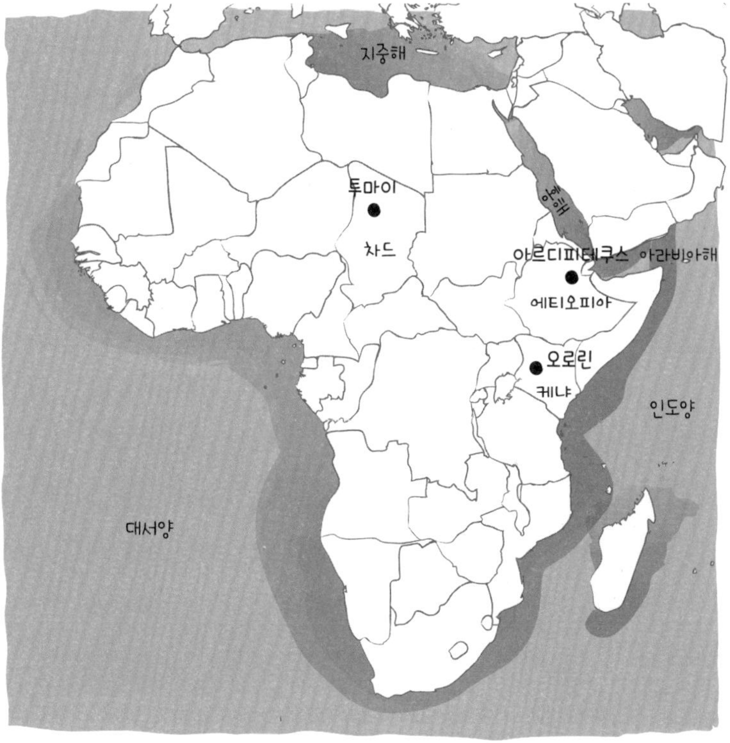

초기 호미닌 분포 지도

2009년 이 화석들이 440만 년 전에 생존했던 아르디피테쿠스 라미두스라고 발표했다. 이 호미닌종은 주위에 있는 동물들의 화석으로 미루어 숲에 살았던 것으로 추정된다. 키는 120cm 정도에 두 발로 걸을 수 있었고 나무에도 잘 올랐으며 엄지발가락은 다른 네 개의 발가락과 마주 보는 형태였지만, 침팬지보다는 덜 유연했다. 신체 구조상 침팬지보다 두 발로 이동하는 것이 조금 더 수월했으나 나무 위에서 생활해 팔과 손가락뼈가 길고 안쪽으로 굽어 있었다. 단단하고 강한 송곳니는 직계 조상으로부터 물려받은 원시형질로 보이며 두뇌 용량은 침팬지와 비슷했다. 아르디피테쿠스 라미두스를 오스트랄로피테쿠스나 인간의 조상으로 보는 학자들도 있지만, 다른 한편에서는 침팬지 계보와 더 가까운 인류의 먼 친척으로 보기도 한다.

호미노이드, 호미니드, 호미닌

호미노이드Hominoid는 조상들의 긴 꼬리가 척추 말단의 분절인 꼬리뼈로 대체된 영장류의 종을 통칭한다. 2,300만 년 전 아프리카에 살았던 **프로콘술**Proconsul의 후손인 모든 유인원 화석을 포함해 오랑우탄, 고릴라, 침팬지, 보노보, 현생 인류 등 현존하는 10여 종이 호미노이드에 속한다.

호미노이드는 어깨뼈의 배열과 손뼈가 다른 종과 구별된다. 진화하기 전 꼬리를 가지고 있을 때도 이 점 때문에 구세계원숭이라 불리는 긴꼬리원숭이와 구분되었다. 신세계원숭이는 계통상 더 먼 **영장류** 집단인 광비원류에 속한다.

멸종된 종의 뼈 화석이 발굴되고, 인간의 계통과 각 종의 DNA에 대해 새로운 사실들이 발견되는 등 지난 수십 년간 호미노이드의 분류는 많은 변화를 거쳐왔다. 오늘날 동물학자들은 **호미니드**Hominid에 수많은 화석종과 오랑우탄, 고릴라, 침팬지, 보노보, 인간

프로콘술은 꼬리가 없는 호미노이드 계열의 초기 유인원 중 하나이다.

을 포함시킨다.

호미닌Hominine은 침팬지보다는 인간과 가까운 모든 종을 일컫는 말이다. 고인류학자들이 호미닌으로 분류한 20여 종에는 사헬란트로푸스*Sahelanthropus*, 오스트랄로피테쿠스*Australopithecus*, 파란트로푸스*Paranthropus*와 호모 하빌리스*Homo Habilis*, 호모 에렉투스*Homo Erectus*, 호모 네안데르탈렌시스*Homo Neanderthalensis*, 호모 사피엔스 *Homo Sapiens* 등 여러 종의 호모가 포함된다. 이들은 모두 직립보행을 하는 것으로 추정된다.

돌연변이가 일으킨 변화

화석이 초기 호미닌의 외형을 알 수 있게 해주었다면, DNA는 이와 완전히 다른 종류의 정보를 제공해, 고인류에 대한 부족한 지식을 보완해주었다. DNA의 염기서열 분석은 몇 년 전부터 생물학과 고생물학 연구에서 흔한 일이 되었다(19쪽 'DNA, 유전자, 돌연변이' 참조).

인간과 침팬지는 분화된 후 각각의 계보에서 돌연변이가 발생했기 때문에 DNA에 차이가 있다. 두 종의 DNA에서는 점 돌연변이(유전자의 한 염기쌍이 다른 것으로 치환)와 유전자 결실, 유전자 중복, 내부적 재배열이 있었던 것으로 관찰된다. 그 결과 인간과 침팬지는 염색체의 수가 다르다.

뚜렷한 변화를 일으키지 않는 돌연변이가 있는가 하면, 인간과 침팬지의 계보가 갈라지는 데 핵심적인 역할을 한 돌연변이도 있다. 게놈의 비교를 통해 어떤 유전적 변화로 인해 두 종이 분화했는지 알게 될 날이 오기를 바란다.

두 종의 분화에는 공통 조상의 DNA가 일부 사라지거나 비활성화된 것이 큰 영향을 끼친 것으로 보인다. 인간과 침팬지는 근수축에 필수적인 단백질인 미오신의 생성에 관여하는 유전자 MYH16에서 차이를 보였다. 음식을 씹는 작용을 하는 저작근에 필요한 미오신을 생성하는 이 유전자는 인간에게서 불활성화되었다. 현생 인류의 턱이 작아진 이유가 이 돌연변이 때문일 수도 있는 것이다.

돌연변이는 행동의 변화도 유발할 수 있다. 예를 들어 침팬지 등 많은 포유류가 가지고 있는 감각모(수염)와 침팬지에게서 관찰되는 케라틴으로 된 음경 돌기의 형성에 관여하는 유전자는 인간에게서 사라졌다. 이로 인해 음경의 민감도가 낮아진 인간은 성교 시간이 늘어났다(침팬지의 교미 시간은 매우 짧다). 또한 이렇게 성기의 돌기가 사라진 영장류들은 일부일처제인 경우가 많았다.

DNA, 유전자, 돌연변이

인간의 세포는 **DNA**가 실타래처럼 뭉쳐서 꼬여 있는 46개의 **염색체**를 가지고 있다. DNA의 총체인 게놈은 A, T, C, G의 염기로 구성된 32억 개의 뉴클레오티드로 이루어져 있다. DNA의 염기서열 분석은 AGATCC 등 뉴클레오티드가 어떤 순서로 배열되어 있는지 알아내는 것이다. 따라서 서로 다른 종의 염기서열이나 같은 종 내 다른 개체의 염기서열을 비교하는 것이 가능하다.

유전자는 세포가 활동에 필요한 분자를 생성하기 위해 단백질 합성을 하는 DNA 분절이다. 인간의 유전자는 2만여 개인데, 개체의 생장과 세포의 기능에 필요한 모든 정보를 담고 있다. DNA의 다른 부분은 유전자의 발현을 통제하는 **번역** 체계의 제어에 관여한다. 유전자의 발현은 생장 단계나 세포의 종류에 따라 달라진다.

돌연변이는 DNA의 염기서열에 우연한 변화가 발생하는 것을 말한다. 돌연변이가 일어나면 대부분의 경우 유전자 활동도 변화한다. 각각의 유전자는 이전에 발생한 돌연변이로 인해 염기서열이 일부 다른 다양한 변이체(**대립유전자**)를 가지고 있어 대립형질이 발현될 수도 있다.

돌연변이로 변형된 난자나 정자 등의 생식세포가 수정을 하면, 태어난 개체의 모든 세포는 그 돌연변이 유전자를 가지게 된다(생식세포는 절반만 영향을 받는다). 이처럼 돌연변이는 한 세대에서 다른 세대로 유전될 수 있다. 사람은 부모에게서 100~200개의 새로운 돌연변이를 물려받지만, 대부분 아무런 영향도 나타나지 않는다.

이러한 변화는 인간과 유인원의 다른 차이점들과도 관련이 있다. 예를 들어 유인원과 달리 인간은 배란기 때 더 이상 신체에 외부적 변화가 일어나지 않으며, 가슴이 나오고 수염이 자라는 것과 같은 2차 성징을 겪는다. 이렇게 성교의 중요성이 커짐에 따라 호미닌의 생활방식에도 변화가 일어난다. 남성과 여성 사이에 유대 관계가 형성되어 사회 협력이 용이해지고 어린 자식들도 더욱 효과적으로 보호할 수 있게 된 것이다.

두 발로 걷게 된 인류

직립보행은 호미닌의 역사에서 굉장히 중요한 사건이다. 이 이동 방식은 호미닌을 다른 유사한 종들과 구분하는 특징이기 때문이다(물론 800만 년 전에 살았던 **오레오피테쿠스***oreopithecus*처럼 호미닌이 아니지만 이족보행을 한 영장류도 있지만 말이다). 인류는 어떻게 직립보행을 하게 된 것일까?

직립보행을 하려면 모든 뼈가 완전히 다시 배열되어야 한다. 따라서 태아의 발달 과정에도 영향을 끼쳐, 전체 몸무게를 지탱하기 위해 발은 아치형으로 굽고, 엄지발가락은 다른 발가락과 평행하게 앞으로 뻗어 더 이상 발로 사물을 쥘 수 없게 되었다. 발목과 무릎 관절은 더욱 튼튼해졌고, 다리가 몸의 중심축 가까이 위치하도록 고관

절도 변화했다. 가슴을 펴고 서 있으려면 밑에서 강한 근육이 지탱해주어야 해 엉덩이의 형태도 바뀌었다. 인간만의 독특한 엉덩이 모습이 탄생한 것이다.

넓고 우묵한 모양의 골반은 장기를 지탱하면서 허벅지 근육을 잡아주었다. 그런데 골반은 출산할 때 아기가 지나가는 길이어서 신체의 변형에 따라 임신 기간이 짧아졌고, 좁은 골반을 빠져나가기 위해 아기는 머리뼈가 다 자라지 않은 상태에서 태어났다. 척추 아랫부분에 위치한 요추는 짧고 넓적해져서 더 큰 힘을 버틸 수 있었다. 대후두공은 두개골 아랫부분으로 옮겨 가 목근육이 머리를 더 수월하게 지탱할 수 있었다(14쪽 그림 참조).

브리지트 스뉘, 수재나 K. S. 소프Susannah K. S. Thorpe 등 많은 고인류학자는 호미니드가 직립보행을 시작하기 전에 수상樹上 생활, 즉 대부분 시간을 나무 위에서 보냈다고 추측한다. 숲속에 살았던 인류의 직계 조상들은 네 발로 걷기보다는 높은 곳으로 기어올랐던 것이다. 유인원 중 나무 위에서 가장 많은 시간을 보내는 오랑우탄은 잘 휘는 나뭇가지 위에서 이동할 때 탄성이 좋은 땅 위를 뛰어가는 사람처럼 다리를 쭉 늘이곤 한다. 다른 유인원에서는 볼 수 없는 반응이다.

인류는 지상에서 두 발로 걷기 전에 나무 위에서 두 발로 이동했던 것으로 보인다. 고생물학자들은 인류가 나무 위에서 '직립 자세로 미리 적응'한 것이라고 설명한다.

반대로 직립보행이 네 발로 걷던 유인원들에게서 나타났을 것이라고 추측하는 학자들도 있다. 아르디피테쿠스 라미두스 등 고대 호미닌의 골격을 연구한 결과에 따르면, 이들은 현재 네 발로 걷는 영장류와 유사한 손목뼈를 가지고 있다. 물속에서 절반의 시간을 보내는 호미니드가 직립보행을 하게 되었다는 주장도 있지만, 이 가설을 증명할 만한 화석이 존재하지 않는다.

어찌 되었든 중요한 것은 네 발로 걷던 인류가 굳은 의지를 가지고 수백만 년 동안 조금씩 몸을 일으켜 영예로운 현재의 곧은 자세를 취하게 되었다고 생각해선 안 된다는 것이다. 직립보행은 지구에 생명이 창조된 이후 모든 동물이 수없이 겪어온 해부학적 진화이다. 그렇기 때문에 아무리 흥미로운 목적이라고 하더라도 어떤 목적을 달성하려는 의식적 혹은 무의식적 의지를 거론하는 것은 적절하지 않다. 또한 진화는 미래를 예측하며 이루어지는 것이 아니기 때문에 훗날의 쓰임새를 위해 해부학적 변화가 일어났다는 주장은 논리적이지 못하다.

다윈의 진화론에서 이유를 찾으려 한다면 직립보행을 할 수 있도록 진화하는 것이 각 단계마다 어떤 이점을 가지는지 설명해야 한다. 언젠가 마라톤을 할 수 있는 것의 이점이 아니라, 조상들보다 조금 더 오랜 시간 두 발로 걸을 수 있는 것이 어떤 면에서 더 좋은지 그 본질적인 이유를 찾아야 한다는 것이다.

삽화의 오류

1965년 세상에 처음 등장한 이 유명한 삽화는 네 발로 걷던 유인원이 앞으로 나아가며 조금씩 몸을 일으켜 현생 인류의 모습으로 진화하는 것을 보여준다. 이 삽화에는 고대 유인원과 오스트랄로피테쿠스, 고대 호모, 네안데르탈인, 크로마뇽인, 미래를 향해 걸어가는 현대인의 모습이 그려져 있다.

타임라이프 출판사에서 출간한 『고대 인류*The Early Man*』에 실린 이 그림은 조금씩 인간의 모습을 갖추어가는 유인원의 행진을 보여준다. 이 그림은 진화의 개념을 세상에 알리는 데 큰 몫을 했지만 안타깝게도 몇 가지 오류를 담고 있다. 첫째, 그림 속 영장류가 모두 호모 사피엔스를 향해 나아가고 있다. 호모 사피엔스가 마치 인류 진화의 필연적인 결과라도 되는 것처럼 말이다. 둘째, 행진하는 호미니드들이 조상과 후손의 관계가 아니다. 인류의 **진화**는 하나의 직선이 아니라 가지가 무성한 나무 형태를 띠며, 수많은 종이 후손을 남기지 못한 채 멸종했다.

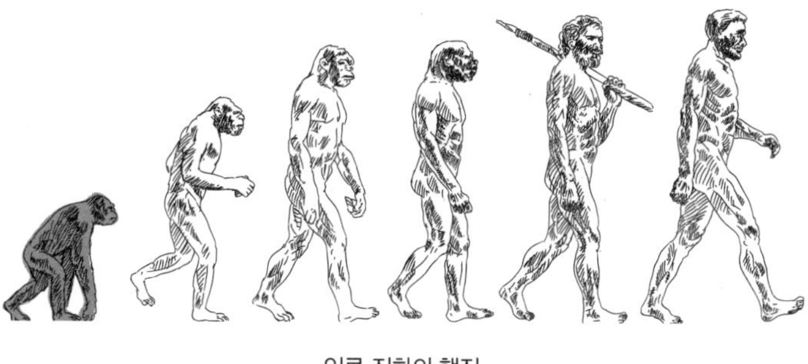

인류 진화의 행진

직립보행이 가져온 변화

직립보행에는 많은 장점이 있다. 먼저 큰 노력을 하지 않고도 주변 환경을 관찰할 수 있다. 또한 두 발로 걸으면 네 발로 걸을 때보다 에너지를 더 적게 소비한다. 같은 속도로 이동할 경우 인간은 침팬지가 사용하는 에너지의 25%밖에 사용하지 않는다. 사실 침팬지는 두 발로 걸을 수 있지만 관절이 사족보행에 더 알맞은 형태이기 때문에 어떻게 걷느냐에 상관없이 소비하는 에너지의 양이 같다.

1,000만 년 전, 지구의 온도가 조금씩 낮아지고 건조해졌다. 이에 따라 광활하게 펼쳐져 있던 아프리카의 울창한 밀림은 나무가 듬성듬성 자란 숲이나 사바나로 바뀌었다. 호미니드 중에는 숲에 남는 이들도 있고, 새로운 자원을 찾아 탐험을 떠나는 이들도 있었다. 환경이 바뀜에 따라 새로운 문제들이 생기자 이들은 두 발로 걷는 능력을 발전시켜 문제를 해결하려 했다. 이후 진화의 일부분을 차지한 직립보행은 주요 이동 방식으로 서서히 자리 잡았다.

울창한 숲에서 살다가 시야를 가리는 나무가 훨씬 적어진 환경에서 살게 된 호미니드에게 직립 자세는 먼 곳을 바라볼 수 있어 큰 이점이었을 것이다. 하지만 네 발로 걷는 개코원숭이가 사바나에서 문제없이 잘 살아갈 수 있다는 점에서, 이는 직립보행을 하게 된 충분한 이유가 되지 못한다.

다른 가설은 먹을 것이 넓은 장소에 분산되어 있다는 사실에 주목한다. 채집한 먹거리를 동료들과 나누어 먹기 위해 손에 들고 이동했을 것이라고 본다. 직립보행을 하게 된 호미니드는 치아의 법랑질이 확연히 두꺼워졌는데, 뿌리식물과 덩이줄기의 섭취가 늘었기 때문으로 보인다. 고릴라처럼 과일이나 연한 어린잎을 먹는 유인원은 법랑질이 얇다.

« 인류는 발에서 시작되었다. »

앙드레 르루아구랑, 1982

직립보행은 도구의 사용과도 관련 있을 수 있다. 그렇다면 인류가 최초의 석기를 만든 것도 두 발로 걸어 손이 자유로워졌기 때문일까? 그렇다면 질문을 뒤집어보면 어떨까? 인류는 도구를 만들기 위해 직립보행한 것 아닐까? 이 가설을 지지하는 일본의 고인류학자들은 인류의 손이 정교한 조작을 할 수 있게 진화한 것은 직립보행을 하기 전이라고 주장한다.

인류의 엄지손가락과 엄지발가락의 크기가 커지고 힘이 세진 것은 같은 진화체계의 결과일 수 있다. 인류는 이족보행을 하면서 발가락이 진화했고, 이에 따라 엄지손가락에도 변화가 일어나 손을 더 정교하게 사용한 것이다.

미국의 고인류학자 오언 러브조이Owen Lovejoy 등 일부 학자는 일부일처제가 직립보행의 출현과 관련 있다고 본다. 직립보행을 하던 초기 호미닌들은 뇌가 커짐에 따라 더 많은 영양분이 필요했다. 그러자 암컷들은 영양분이 풍부한 먹이를 찾아 넓은 지역으로 흩어졌는데, 이는 일부다처제의 수컷들에게 반갑지 않은 일이었다. 자신의 암컷이 다른 수컷과 만날 수 있었기 때문이다. 이렇게 일부일처제가 인류의 역사에서 비교적 이른 시기에 등장한 것은 인류의 도덕성에 특히 관심 많은 미국인 보수주의자들(진화론자가 흔치는 않지만)의 호응을 얻었다. 하지만 지금까지 밝혀진 정보들에 따르면 이 가설에는 모순이 있다.

우선, 인류의 뇌 용적은 수백만 년이 흐른 뒤에야 증가한다. 또 다른 모순은 암컷과 수컷의 크기와 형태의 차이를 일컫는 **성적 이형성**과 관련 있는데, 초기 호미닌에 대해서는 알려진 정보가 없지만, 그들의 후손인 오스트랄로피테쿠스에게서는 성적 이형성이 뚜렷하게 나타난다. 하지만 일부일처제가 통용되는 사회에서 성적 이형성이 높은 경우는 극히 드물다.

영장류 중 성별 간 몸집의 차이가 큰 종은 수컷이 여러 마리의 암컷을 거느리는 일종의 하렘과 같은 사회를 이루는 경우가 많다. 수컷 고릴라가 암컷 고릴라보다 체격이 더 크고 무거운 것은 번식 경쟁에 따른 결과이다. 강한 힘과 커다란 송곳니를 가진 알파 수컷들은 무리에서 우위를 점했고, 이러한 특성을 지닌 수컷들의 유전자를 후손들이 물려받은 것이다. 고릴라와 개코원숭이의 수컷은 경쟁상대에게 겁을 주거나 싸울 때 송곳니를 드러내는데, 암컷의 송곳니는 확연히 작다. 침팬지의 경우에는 고릴라에 비해 사회 구조가 더 유연하고, 알파 수컷이 암컷을 차지하는 방식 또한 덜 배타적이

어서 성적 이형성도 작게 나타난다. 긴팔원숭이는 일부일처제 사회를 이루는데, 암컷과 수컷의 크기가 같고 모두 작은 송곳니를 가지고 있다.

호미닌의 경우는 직립보행을 시작하며 송곳니의 크기가 작아졌다. 성적 이형성은 오스트랄로피테쿠스에서 다소 높은 수준을 보였으나, 초기 호모들에 와서 줄어들었다. 이는 수컷들의 경쟁 강도가 약해졌고, 일부일처제가 사회에 만연해졌다는 의미이다.

다른 가설은 성 선택이 수컷들의 경쟁이 아니라 암컷의 선호에 따라 이루어졌다는 것인데, 이는 동물의 세계에서 굉장히 흔히 볼 수 있는 현상이다. 두 발로 잘 설 수 있는 수컷들이 암컷들에게 인기를 얻었고, 이러한 형질을 가진 수컷들이 번식할 확률이 높아짐에 따라 집단 전체가 직립보행할 수 있도록 서서히 진화했으며, 먹이를 찾을 때 더 유리하다는 점 덕분에 이 특성이 더욱 강화되었다는 것이다.

호미닌의 직립보행에는 여러 요인이 상호작용하며 시너지를 일으켰을 수 있다. 서식 환경이 변화하고, 양손을 자유롭게 사용하며, 사회적 유대가 강화되고, 성생활이 복잡한 특성을 띠는 등의 변화가 모두 영향을 끼쳤을 수 있는 것이다.

인류의 진화, 다윈 vs 라마르크

최근 출간된 책에서조차 네안데르탈인의 턱이 앞으로 튀어나온 이유가 치아를 과도하게 사용했기 때문이라고 설명하는 경우가 있다. 하지만 사용 여부에 따라 신체기관이 **진화**한다는 것을 설명할 수 있는 메커니즘은 존재하지 않는다. 물론 개인의 신체기관이 변화할 수는 있지만, 이는 후천적 변화로 후손들에게 전달되지 않는다. 19세기 초 박물학자 장바티스트 드 라마르크Jean-Baptiste de Lamarck가 주장한 것과 반대로 말이다. 마찬가지로 주위 환경에 제약이 생긴다고 해서 몸이 곧바로 변화하는 것은 아니다.

사실 이는 생각보다 명료하지 않은 문제이다. 우리는 인류가 두 손을 자유롭게 사용하고 두뇌 용량이 증가함에 따라 도구를 만들기 위해 직립보행을 했다고 믿고 싶어 한다. 아니면 그 반대로 도구를 제작할 수 있도록 뇌가 진화했고, 이와 더불어 직립보행에 적응해 손을 자유롭게 사용한 것이라고 믿고 싶어 한다.

고대 인류가 '인간화'라는 뚜렷한 목표를 향해 진화했다는 라마르크의 주장은 프랑스의 동물학과 선사학계를 오랫동안 지배했다. 인류가 신성한 의지가 가리키는 방향으로 진화해왔다는 생각은 여전히 남아 있지만, 진화론을 비롯한 다윈의 이론들은 오늘날 일반적인 견해로 자리 잡았다. 현재 대부분의 고인류학자는 수백만 년 전 호미닌에게 일어난 변화를 설명할 때 자연 선택이나 성 선택 메커니즘을 사용한다.

진화론에 따르면 DNA에 우연히 발생한 돌연변이는 한 개체의 해부학적, 생리학적 변화와 행동의 변화를 일으킨다. 만약 이 변화가 긍정적인 결과를 가져오면 그 개체는 살아남아서 번식할 가능성이 커진다. 이 경우 새로운 형질은 대대손손 유전되어 나중에는 집단 전체에 퍼진다. 이러한 자연 선택 메커니즘은 여러 형태로 존재하며 모든 생물에게서 관찰된다. 인류의 조상이 이러한 진화의 법칙을 따르지 않았다고 생각할 이유는 없는 것이다.

2장

오스트랄로피테쿠스

100만~500만 년 전 아프리카의 사바나 지역에는 오스트랄로피테쿠스와 그들의 동류인 파란트로푸스가 살았다. 이족보행을 하는 이 원인들은 오랫동안 루시를 통해 사람들에게 알려졌다. 21세기 초 많은 유골 화석이 발굴되며 이 호미닌들에 대한 더 많은 정보가 세상에 알려졌다.

타웅 아이

인류의 **계통수**에서 가장 꼭대기에 자리 잡은 오스트랄로피테쿠스는 '타웅 아이Taung Child'라 불리는 어린아이의 화석이다. 남아프리카 공화국 타웅의 채석장에서 발견된 이 화석은 1925년 오스트레일리아의 고인류학자 레이먼드 다트Raymond Dart가 발견했다. 다트

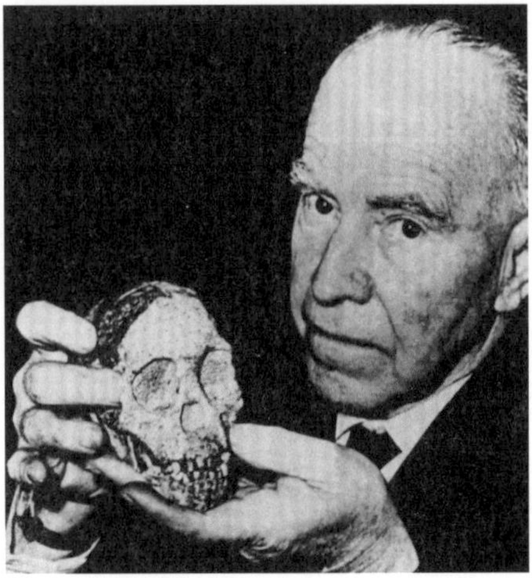

타웅 아이의 두개골을 보여주는 레이먼드 다트

는 이 화석이 놀라운 특징을 지닌 어린 원인이며, 인간과 유인원의 중간 단계에 위치한다고 발표했다. 이 화석 인류를 남쪽(아프리카)의 유인원을 뜻하는 오스트랄로피테쿠스 아프리카누스*Australopithecus africanus*라고 한다.

타웅 아이 화석은 자연적인 두개골의 형태를 보존하고 있고, 직립보행을 했다는 증거를 간직하고 있었다. 230만 년 전에 살았던 이 화석 인류는 네 살 때 맹금류에 의해 목숨을 잃은 것으로 추정된다. 하지만 당시 레이먼드 다트는 거센 비판을 받았다. 타웅 아이의 뇌는 원숭이와 비슷했지만 치아는 인간에 가까웠는데, 이러한 모습은 학자들이 기대했던 유인원의 몸에 인간의 두뇌가 달린 '미싱 링크'와 거리가 멀었기 때문이다. 게다가 이들은 이 잃어버린 고리를 아

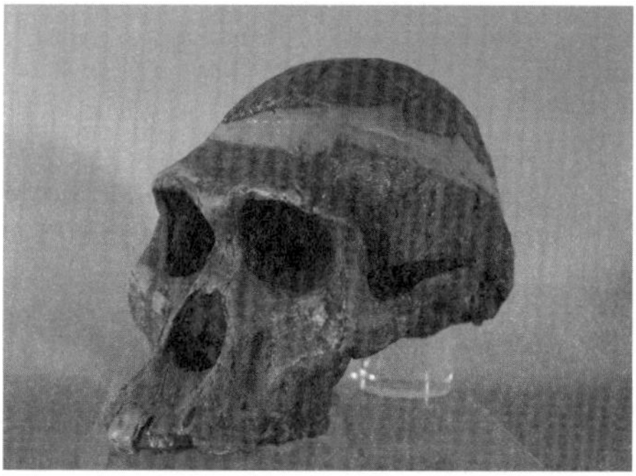

스테르크폰테인 동굴에서 발견된 미시즈 플레스(오스트랄로피테쿠스 아프리카누스)

프리카가 아닌 아시아에서 찾을 수 있을 것이라고 생각했다.

그러나 이후 새로운 화석들이 발견되면서 다트의 주장이 학계에 받아들여졌다. 1947년 남아프리카 공화국의 스테르크폰테인 동굴에서 미시즈 플레스Mrs Ples라는 화석이 발견되었는데, 플레시안트로푸스 트란스발렌시스*Plesianthropus transvaalensis*라고 이름 붙인 이 두개골은 타웅 아이와 같은 종에 속하는 것으로 밝혀졌다. 이 오스트랄로피테쿠스는 키가 110cm였으며 팔은 길고 다리는 짧았다. 뇌 용적은 450~500cm^{3}로 침팬지보다 약간 더 컸다.

고인류학자 로널드 클라크Ronald J. Clark는 1997년 스테르크폰테인 동굴에서 오스트랄로피테쿠스 아프리카누스 혹은 그와 가까운 종으로 추정되는 거의 완전한 유골을 발견했다. 리틀 풋Little Foot이라고 이름 붙인 이 화석은 370만 년 전에 생존했던 것으로 추정된다. 클라크는 이 화석에 대해 키가 130cm인 여성이고 사망할 당시 서른

살 정도였다고 추측했다. 리틀 풋 화석은 몹시 단단한 암석 안에 있었기 때문에 발굴하는 데 20년이 걸렸으며, 2017년에야 유골을 분석할 수 있었다.

미싱 링크를 찾아서

잃어버린 고리라고도 불리는 '미싱 링크missing link'의 개념은 19세기에 처음 등장했다. 미싱 링크는 한 형태에서 다른 형태로의 변화를 설명할 수 있는 중간 지점의 화석이 부재하는 것을 가리킨다. '유인원'이 인간이 된 과정의 중간 고리를 설명할 수 없는 경우가 그 예이다. 외젠 뒤부아Eugène Dubois가 발견한 오늘날 호모 에렉투스*Homo erectus*라고 불리는 피테칸트로푸스 에렉투스*Pithecanthropus erectus*(85쪽 '이동에 따른 변화' 참조)는 유인원과 인류를 뜻하는 이름처럼 인류 진화의 미싱 링크일 수 있었다. 하지만 당시 선사학자들이 상상하던 모습과 격차가 너무 커 학계에서는 받아들여지지 않았다.

오늘날 미싱 링크의 개념은 구시대적인 것으로 여겨진다. 첫 번째 이유는 진화가 여러 종이 꼬리에 꼬리를 잇는 사슬 형태가 아니라, 무성한 가지를 뻗고 있는 나무의 모습으로 이루어지기 때문이다. 두 번째 이유는 인류가 홀로 동떨어져 있는 나무의 잔가지처럼 단 하나의 계보를 가지고 있다고 가정한다면, 한 종에서 다른 종으로 넘어가는 단계의 중간 연결고리가 늘 부족할 수밖에 없기 때문이다. 화석화는 드물게 일어나는 현상이기 때문에 중간 단계의 종이 보존되지 않았을 가능성이 크다. 지질학적 시간을 기준으로 진화가 빠른 속도로 일어난 경우에는 보존 확률이 더욱 낮아진다.

다윈의 진화론이 발표된 이후 이에 반대하는 학자들은 '변화의 중간 형태'가 확실하게 존재하지 않는 것을 반박 근거로 삼으려 했다. 하지만 고생물학자들은 수많은 미싱 링크를 발견해냈다. 대표적인 예로 파충류의 특성을 지닌 시조새는 작은 공룡이 어떤 과정을 통해 새로 진화했는지 보여준다. 시조새는 다윈 시대에 처음 그

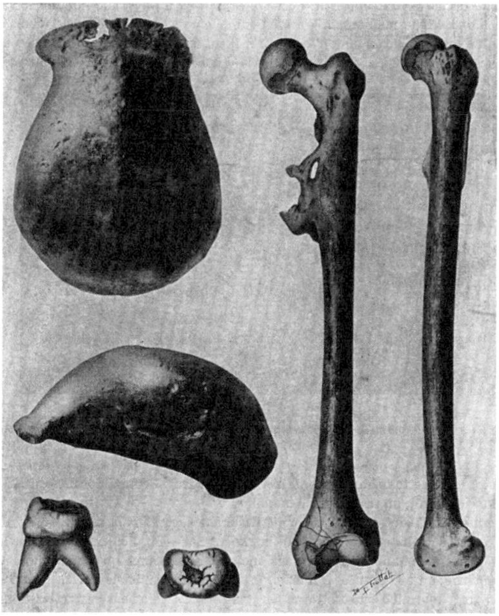

1891년 외젠 뒤부아가 발견한 피테칸트로푸스(자바원인)

존재가 알려진 이후 수많은 진화의 중간 형태를 보여주었다. 하지만 그럼에도 불구하고 반다윈주의자들의 비판은 수그러들지 않았다. 어떤 발견도 이들을 만족시킬 수 없었던 것이다.
과거와 달리 인간 고생물학에서 뒤부아의 **피테칸트로푸스**처럼 **조상형질**과 **파생형질**, 즉 대대로 물려받은 특징과 진화를 통해 새로 얻은 특징을 모자이크처럼 동시에 가지고 있는 화석종은 넘쳐난다. 이 화석들은 연대적 순서를 구분하기가 어렵고, 하나의 계보를 이루기엔 너무 다양한 특성을 가지고 있다. 이제는 미싱 링크가 아니라 화석의 수가 너무 많다는 것이 문제이다!

루시

한편 오스트랄로피테쿠스의 존재를 전 세계에 널리 알린 또 다른 뼈 화석이 있었다. 바로 루시이다. 루시는 1974년 11월 24일 에티오피아에서 모리스 테엡Maurice Taieb, 이브 코팡Yves Coppens, 도널드 조핸슨Donald Johanson이 탐사하던 중에 발견했다. AL 288이라고 명명된 이 화석은 비틀스의 노래 〈루시 인 더 스카이 위드 다이아몬즈Lucy in the Sky with Diamonds〉에서 이름을 따서 루시라고 불렸다.

루시의 뼈는 40%가량 남아 있었는데, 연대가 오래된 호미닌 중 그만큼 유해가 잘 보존된 화석은 없다. 루시가 속한 원시 인류 오스

330만 년 전 화석 인류 루시의 유골

트랄로피테쿠스 아파렌시스*Australopithecus afarensis*는 현재 300개 이상의 표본이 있지만 거의 대부분 형태가 몹시 불완전하다.

오스트랄로피테쿠스 아파렌시스는 290만~410만 년 전 동아프리카의 사바나 초원에서 살았다. 비율로 보면 루시의 팔은 우리보다 길고 다리는 더 짧다. 루시는 이족보행을 했지만 나무 위에서 살았다. 어깨와 팔은 높은 곳을 기어오르는 데 적합한 형태였지만, 골반이 넓고 대퇴골이 안쪽을 향하고 있어 걸을 때 안정감을 주었다. 엄지발가락은 다른 네 개의 발가락과 떨어져 있고 뒤꿈치는 침팬지처럼 볼록해서 걸을 때 발 바깥 부분에 체중이 쏠렸다. 무릎은 완전히 펴지지 않아 걸음을 걸을 때 우리보다 더 많은 에너지가 필요했다.

루시는 대부분 과일과 나뭇잎이 주식이었지만 작은 동물도 먹었다. 특히 흰개미를 많이 먹었는데, 도처에 널려 있어 사냥하기가 쉬울뿐더러 영양분도 풍부했기 때문이다. 2010년 오스트랄로피테쿠스의 화석과 함께 발견된 초식동물의 뼈에는 인위적으로 잘라진 흔적이 있었다. 이로 보아 루시는 죽은 동물의 사체에서 고기를 발라 먹었으며 고기의 힘줄을 자르기 위해 석기를 사용했던 것으로 보인다(63쪽 '도구를 사용하기 시작하다' 참조).

루시는 키가 105cm인 젊은 여성이라는 것이 일반적인 견해이다. 루시가 속한 종의 평균 키는 남성이 135cm, 여성이 110cm이고, 몸무게는 25~45kg이었다. 두뇌 용량은 400cm^{3}로 두개골은 작고 이마가 뒤로 젖혀져 있으며 얼굴은 앞으로 돌출되어 있었다. 현대적 특징인 작은 송곳니와 원시적 특징인 큰 어금니를 지니고, 치아는 마모 방지 역할을 하는 두꺼운 법랑질로 덮여 있었다. 둥글게 늘어

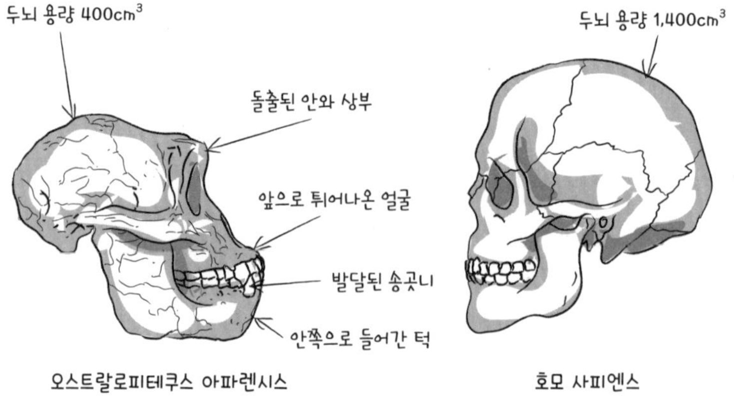

오스트랄로피테쿠스 아파렌시스와 호모 사피엔스의 두개골 비교

선 치아의 형태는 치아 배열이 평행한 유인원과 포물선 형태인 인간의 중간 단계였다.

성별 신체적 차이를 뜻하는 성적 이형성은 뚜렷한 편이었다. 이는 남자들 사이에 치열한 경쟁이 있었음을 암시한다. 이 화석종은 현생 유인원보다 성장 속도가 느렸고, 독립하기 전에 부모(아마도 엄마)의 품에서 더 오랜 시간을 보낸 것으로 추정된다. 치아를 화학적으로 분석한 결과 여성은 남성과 달리 사춘기가 지난 뒤 식습관이 변화한 것으로 밝혀졌다. 이는 현생 침팬지처럼 성년이 된 여성이 원래 살던 집단을 떠나 다른 공동체에 소속되기 때문일 수도 있다.

오스트랄로피테쿠스 아파렌시스가 호미닌 계통수의 어느 부분에 위치하는지를 두고 학자들 간에 열띤 논쟁이 일었다. 루시가 유명하다고 해서 인류의 조상이 되는 것은 아니기 때문이다. 30년 전 많은 미국 연구자가 루시를 우리의 조상으로 규정했지만, 이브 코팡은 루시가 후대가 끊긴 가지로 인류의 '큰이모'뻘에 불과하다고 주장했다. 루시가 파란트로푸스와 가까운 종이라고 보는 학자들도 있었다(52쪽 '파란트로푸스' 참조). 현재까지 발견된 오스트랄로피테쿠스의 화석은 수없이 많지만 단정적으로 결론 내리기는 여전히 쉽지 않은 상황이다. 오스트랄로피테쿠스에 속하느냐 하는 문제부터 의견이 나뉘는 화석들도 있기 때문이다.

연대 측정

화석에 부여된 연대는 계보와 아무런 연관이 없다. 한 호미닌이 다른 호미닌보다 연대가 오래되었다고 해서 그의 조상이라고 볼 수는 없는 것이다. 그러나 화석의 정확한 연대를 알아내는 것은 종의 진화를 이해하는 데 굉장히 중요한 요소이다. 과거에는 화석들의 연대를 상대적으로 비교하는 것만 가능했다. 겹겹이 쌓여 있는 퇴적층의 아래에 위치한 화석보다 위에 위치한 화석이 더 최근에 생존한 것이라는 점만 알 수 있었다.

하지만 현대에는 기술이 발달해 화석이 생존했던 '절대적 연대'까지 측정할 수 있게 되었다. 대부분의 연대 측정 기술은 암석이나 다른 물질의 자연적 방사능 수치를 이용한다. 그중 가장 널리 알려진 것은 탄소 14를 이용한 '방사성탄소 연대 측정법'이다.

화학 원소 중 하나인 탄소는 여러 형태로 존재하는데, 일반 탄소 C12는 흔하지만 방사성탄소인 C14는 드물다. 식물은 대기 중의 이산화탄소CO_2를 흡수해 유기물을 생성하는데, 이때 이 두 종류의 탄소를 내부에 축적한다. 따라서 식물을 먹는 동물이나 그 동물을 먹는 포식자도 이 탄소를 몸에 지닌다. 이들이 죽은 후 C14는 조금씩 질소 N14로 변한다. C14의 반감기는 5,734년으로, 이 기간이 지나면 방사성이 절반으로 줄어든다. 뼈나 나무석탄에서 두 탄소의 비율을 측정하면 연대를 측정할 수 있다. 하지만 4만 년이 넘은 화석은 C14의 잔량이 1% 미만으로 떨어져 정확하게 측정하기 어렵다.

더 오래된 유골이나 바위의 연대를 측정하기 위해서는 같은 원리를 이용한 '원자시계'를 사용할 수 있다. '우라늄-토륨 측정법'은 뼈 화석이나 석순의 나이를 최대 50만 년까지 측정할 수 있고 '포타슘-아르곤 측정법'은 수백만 년 된 화산암의 나이를 측정할 수 있다.

다른 물리 법칙에 기반을 둔 방법도 있다. '고지자기 측정법'은 용암의 자성 광물이 굳을 때 지구 자기장의 방향과 강도를 토대로 연대를 측정한다. 또한 과거에 강한 열을 받았던 광물이 다시 가열되었을 때 발산하는 빛을 측정하는 '열발광 측정법'은 규석이나 토기에 사용된다. 마지막으로 비슷한 원리를 이용한 '전자스핀공명 측정법'은 치아의 법랑질이나 석순, 산호 등 탄산염이 많은 화석과 퇴적층의 석영 입자에 사용된다.

오스트랄로피테쿠스의 가계도

타웅 아이의 뒤를 이어 수많은 화석종이 밝혀졌다(9쪽 그림 참조). 대부분의 화석은 연대가 200만~450만 년 전으로 추정되며, 남아프리카나 동아프리카에서 발견되었다. 이렇게 많은 종이 존재하는 이유를 오랜 시간에 걸쳐 발생한 두 종류의 진화로 설명할 수 있다. '향상 진화anagenesis'는 한 종이 진화를 통해 새로운 특징을 얻는 것이고 '분기 진화cladogenesis'는 한 종이 두 집단으로 갈라져 살다가 점차 형

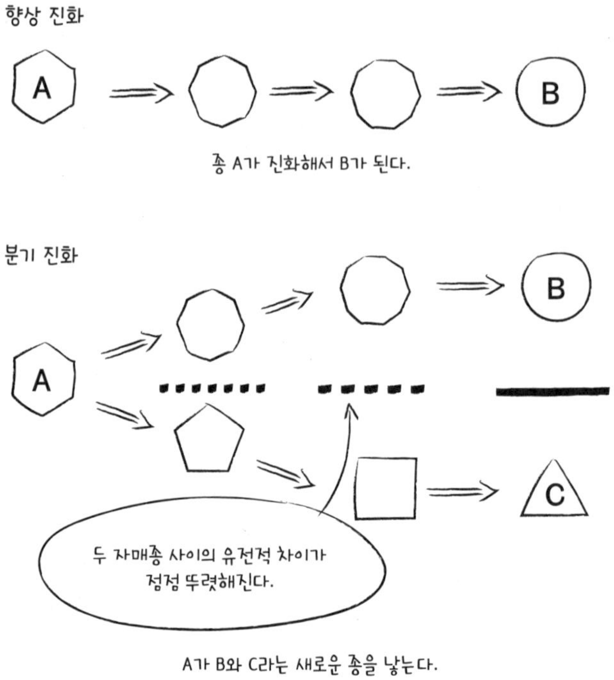

서로 보완 관계에 있는 향상 진화와 분기 진화

질의 차이가 커져 완전히 새로운 두 개의 종으로 분화되는 것이다.

화석종 중에는 같은 시대 같은 지역에 사는 종들도 있었는데, 먹이나 다른 중요한 자원을 두고 서로 경쟁하지 않았다면 가능한 일이다. 만약 두 종이 경쟁 관계에 있다면 일반적으로 한 종이 소멸되거나 변화를 겪는다. 이렇게 생물종이 서로 다른 생태적 지위를 차지한다는 가설은 종별로 치아가 나는 과정이 조금씩 다르다는 연구로 힘을 얻었다.

속과 종

박물학자들은 모든 생물종과 화석에 종species과 속genus을 나타내는 두 개의 학명을 붙인다. 예를 들어 오스트랄로피테쿠스속들은 모두 이름에 오스트랄로피테쿠스를 가지고 있다. 같은 속에 속한다는 것은 유사한 특징을 지니고 같은 계통에 속한다는 의미이다. 오스트랄로피테쿠스속은 오스트랄로피테쿠스 아파렌시스, 오스트랄로피테쿠스 아프리카누스 등 여러 종으로 구성된다.

현생 동물에게서 **종種**은 조상과 후손을 이루는 개체나 서로 교배해서 생식하는 것이 가능한 개체를 의미한다. 하지만 이러한 기준은 화석종이나 **고생물종**에게 적절하지 않다. 화석종은 생식 가능 여부를 확인할 수 없기 때문이다. 또한 같은 계통에 속한다고 하더라도 시간이 흐르면 차이점이 두드러져 서로 다른 종으로 여겨질 수도 있다.

일반적으로 우리는 여태까지 보지 못했던 형태의 유골을 발견했을 때 새로운 종의 이름을 붙인다. 물론 드문 경우지만 데니소바인Denisovan처럼 DNA를 통해 새로운 종이 밝혀진 경우도 있다(108쪽 '데니소바인' 참조). 하지만 뼛조각 몇 개를 가지고 호미닌의 종을 구분하기란 어렵다. 호미닌은 뼈 몇 군데가 다를 뿐인 유사한 종들로 이루어져 있기 때문이다. 또한 성별 간 차이나 성장 과정에 따른 변화도 고려해야 한다. 라마피테쿠스*Ramapithecus*와 시바피테쿠스*Sivapithecus*는 각각 다른 종으로 분류되었다가 같은 종에 속하는 수컷과 암컷이라는 것이 나중에 밝혀졌다.

또 다른 문제는 한 종 내에 존재하는 다양성에 대해서도 알려진 점이 거의 없다는 것이다. 발견된 화석이 많을 경우에는 통계적으로 비교를 통해 집단을 분류할 수 있다. 그러나 희귀하거나 불완전한 화석의 경우에는 자의적 해석을 할 가능성이 높아질 수밖에 없다.
여기에는 과학 외적인 요소도 영향을 미친다. 호미닌의 유골 발굴은 상당한 노력이 필요하기 때문에 연구자는 새로 발견한 화석의 특이점을 과장해서 새로운 종명을 붙여야 한다는 압박을 받기도 한다. 새로운 종을 발견하면 연구자금을 지원받기가 수월해지기 때문이다. 발견된 호미닌이 인류의 조상일 경우에는 더욱 그렇다. 하지만 그렇게 되면 가뜩이나 빽빽한 인류의 계통도가 더욱 복잡해질 수 있다. 지식의 발전과 연구자의 선호에 따라 많은 종이 과학 서적에 등장했다 사라지는 것은 이러한 이유 때문이다. 전통적으로 학자들은 세분파splitter와 병합파lumper로 나뉜다. 세분파는 작은 특징이라도 한 종에 고유한 특성이라고 생각되면 새로운 종으로 분류하는 것을 선호한다. 이와 달리 병합파는 종에 발생한 자연적 변화를 고려하기 위해 큰 집단으로 묶곤 하는데, 그 범위가 과도하게 넓을 때도 있다(77쪽 '초기 인류의 가계도' 참조).

고대 호미니드는 과일과 어린잎을 먹고 사는 현생 유인원처럼 채식을 한 것으로 보인다. 하지만 흰개미를 먹고 작은 원숭이를 사냥하는 오늘날의 침팬지처럼 오스트랄로피테쿠스도 곤충과 사냥하기 쉬운 작은 동물을 잡아 먹었다. 나무 위에서 사냥을 했는지는 알 수 없지만 말이다.

모든 종을 다루지는 못하겠지만, 앞서 설명한 오스트랄로피테쿠스 아파렌시스와 오스트랄로피테쿠스 아프리카누스 외 다른 흥미로운 종에 대해 알아보자.

« 만약 수도 적고 힘도 없는 선대 인류가 아프리카 사바나에서 수없이 찾아온 혹독한 운명의 시련(혹은 멸종)에서 살아남지 못했다면, 호모 사피엔스가 지구 곳곳으로 퍼져나가는 일은 없었을 것이다. »

스티븐 J. 굴드, 1996

오스트랄로피테쿠스 아나멘시스

오스트랄로피테쿠스 아나멘시스*Australopithecus Anamensis*는 320만~420만 년 전에 생존했던 화석들이 동아프리카에서 발견되며 세상에 알려졌다. 키는 140cm였고, 습하고 나무가 많은 환경에서 살았으며, 직립보행에서는 루시보다 앞섰다. 원시형질에 속하는 길고 좁은 아래턱은 현대적 특징인 작은 치아와 대조를 이루었다. 일부 고인류학자는 아나멘시스가 호모속의 조상이라고 생각한다. 그래서 일각에서는 아프리카의 고인류라는 뜻을 가진 프레안트로푸스 아프리

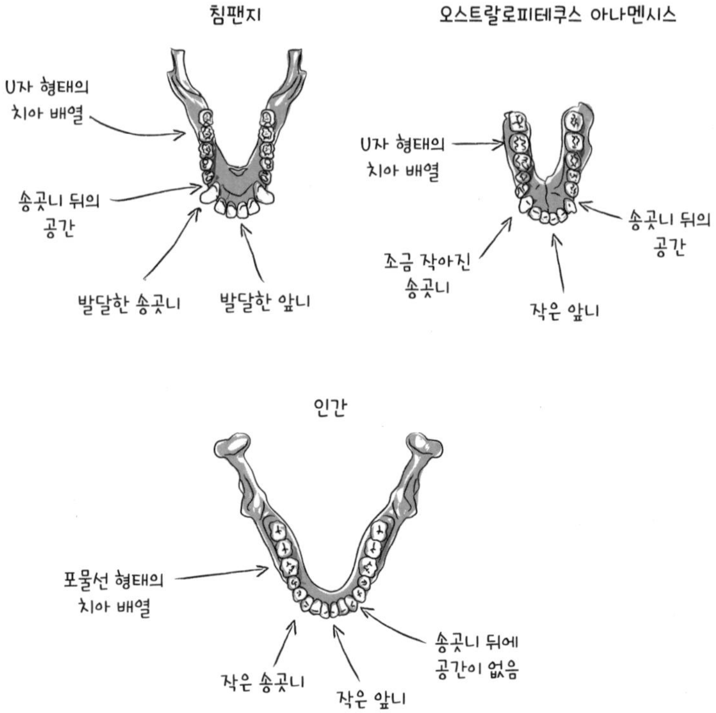

침팬지, 오스트랄로피테쿠스 아나멘시스, 현생 인류의 아래턱 비교

카누스*Praeanthropus africanus*로 이름을 바꾸어야 한다는 주장을 제기하기도 한다.

오스트랄로피테쿠스 바렐가잘리

아벨Abel이라고 불리기도 하는 오스트랄로피테쿠스 바렐가잘리

*Australopithecus Bahrelghazali*의 아래턱뼈 화석은 미셸 브뤼네 연구 팀이 1995년 차드에서 발견했다. 360만 년 전에 생존했던 것으로 보이는 이 화석은 동아프리카와 남아프리카가 아닌 지역에서 발견된 유일한 오스트랄로피테쿠스의 화석이다. 그 당시 사하라 사막 자리에는 사바나와 숲이 형성되어 있었다. 이 화석종은 두드러진 특징은 없지만 오스트랄로피테쿠스의 영역이 이전에 발견된 화석들의 분포에서 알 수 있던 것보다 훨씬 넓었음을 보여준다는 점에서 의미가 있다.

오스트랄로피테쿠스 가르히

250만 년 전 에티오피아에서 살았던 이 화석 인류는 에티오피아 고생물학자인 베르하네 아스파우Berhane Asfaw 연구 팀이 1997년에 발견했다. 가르히는 작은 뇌와 큰 치아를 가지고 있었다. 화석의 공동 발견자인 팀 화이트는 오스트랄로피테쿠스 가르히*Australopithecus Garhi*가 현생 인류의 조상일 수도 있다고 주장했으나, 초기 인류와 같은 시기에 살았다는 점에서 이 가설은 신빙성이 떨어진다.

오스트랄로피테쿠스 데이레메다

340만 년 전에 살았던 오스트랄로피테쿠스 데이레메다*Australo-*

*pithecus deyiremeda*의 화석은 2011년 에티오피아에서 발견되었다. 이 화석은 생존 연대와 지역으로 볼 때 루시와 가까운 계보였던 것으로 추정된다. 하지만 발달된 턱과 치아의 형태상 루시와는 다른 식생활을 한 것으로 보인다.

오스트랄로피테쿠스 세디바

다른 화석들에 비해 상당히 최근(180만~200만 년 전)에 생존했던 화석 인류이다. 2010년 리 버거Lee R. Berger 박사는 남아프리카 공화국 말라파에서 발견된, 보존 상태가 비교적 좋은 두 구의 뼈 화석에 오스트랄로피테쿠스 세디바*Australopithecus sediba*라는 이름을 붙였다. 이 화석 인류의 뇌는 크기는 작지만 다른 오스트랄로피테쿠스들보다 모양이 비대칭이라는 점에서 호모속의 뇌와 유사했다. 골반은 넓은 편인데, 이는 일반적으로 두개골이 커진 것에 따른 변화로 해석된다. 흉곽은 위로 갈수록 좁아지는 원뿔 모양으로 큰 팔동작을 하기에 알맞은 형태이고 팔은 기어오르기에 적합한 모양이었다. 발꿈치는 유인원과 비슷한 원시형질을 지녔지만 발목은 다른 오스트랄로피테쿠스들보다 더 진화한 모습이었다. 손은 엄지손가락이 길고 손가락 끝부분이 넓었는데, 이는 손을 정교하게 사용할 수 있다는 의미이므로 현생 인류와 가깝다는 근거로 여겨진다. 치아는 오스트랄로피테쿠스 아파렌시스보다 더 작았다.

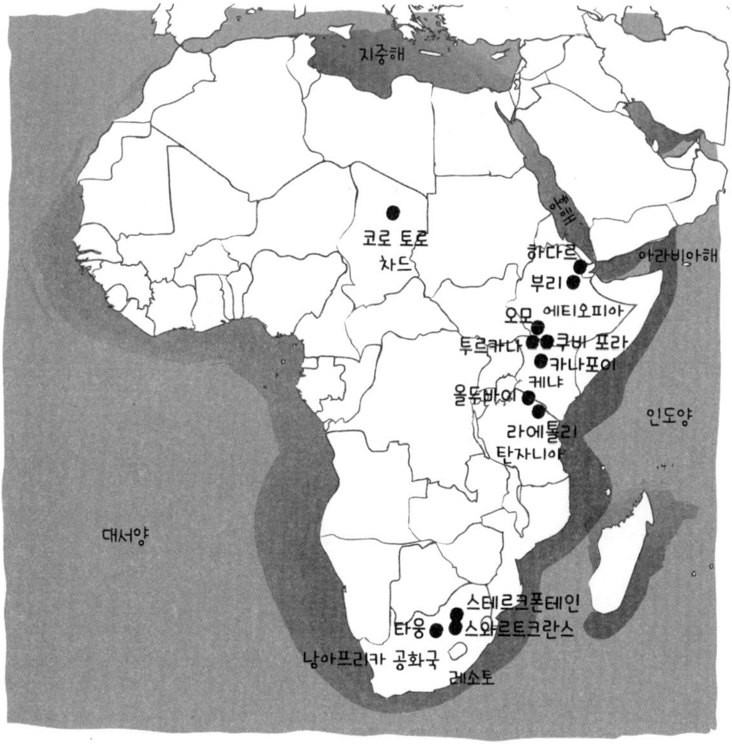

오스트랄로피테쿠스와 파란트로푸스의 분포 지도

이렇게 조상형질과 새로운 특성인 파생형질이 동시에 존재하는 것을 **모자이크**라고 한다. 모든 신체기관이 동시에 진화하는 것이 아니기 때문에 발견된 화석이 호미닌 계통수 어디에 위치하는지 찾기가 어려웠다. 또한 두 구의 뼈 화석 중 하나는 남자아이였는데 성장하면서 신체에 많은 변화가 일어나기 때문에 해부학적 특징을 완전한 것으로 볼 수 없다는 점 또한 어려움이었다. 가상으로 성장 시뮬

레이션을 실시한 결과, 이 화석이 어른이 되었을 때의 모습은 오스트랄로피테쿠스 아프리카누스와 유사했다. 이런 점에 기인해 일부 학자는 이 화석 인류가 오스트랄로피테쿠스 아프리카누스의 후손이었고, 이후 지구상에서 멸종한 것이라고 주장한다. 반면 화석을 발견한 버거 박사를 포함한 학자들은 이들이 호모 에렉투스의 조상이라고 생각한다. 현지어로 '근원'을 뜻하는 '세디바'라는 이름을 붙인 것은 이런 이유에서이다.

그러나 이러한 주장도 화석의 연대가 너무 최근이라는 문제에 부딪힌다. 그 당시 호모는 이미 수십만 년 전부터 아프리카에서 살아왔기 때문이다. 하지만 옛 화석들은 형태가 온전하지 못하고 어떤 종에 속하는지조차 의견이 분분하다(59쪽 '초기 호모의 등장' 참조). 또한 오스트랄로피테쿠스 세디바가 그 이전에 존재했지만 흔적이 발견되지 않았을 가능성도 있다.

케냔트로푸스 플라티오프스

케냔트로푸스 플라티오프스*Kenyanthropus platyops*는 1999년 케냐의 로메크위 유적지에서 발견된 340만 년 전 두개골 화석이다. 돌출된 턱을 가지고 있는 오스트랄로피테쿠스와 대조를 이루는 납작한 얼굴은 고대 인류 호모 루돌펜시스*Homo rudolfensis*를 떠오르게 한다. 이 화석 인류를 발견한 미브 리키Meave Leakey는 이 화석이 다른 종과

370만 년 전 오스트랄로피테쿠스의 발자국(탄자니아 라에톨리)

명확하게 다른 특징을 가지고 있었기 때문에 '납작한 얼굴의 케냐인'이라는 뜻의 새로운 속명을 붙여주었다. 하지만 퇴적물의 압력으로 인해 형태가 변형되었다는 점에서 화석의 분류에 대한 논쟁이 여전히 지속되고 있다.

1976년 연구자들의 이목을 집중시킨 또 다른 화석이 발견되었다. 바로 메리 리키Mary Leakey 박사가 탄자니아 라에톨리에서 오스트랄로피테쿠스의 발자국을 발견한 것이다. 이는 370만 년 전에 세 명의 오스트랄로피테쿠스가 화산재 위를 줄지어 걸어간 자국이 굳으면서 생성된 것이었다. 이 발자국은 오스트랄로피테쿠스가 직립보행을 했다는 또 다른 증거였다.

이 오스트랄로피테쿠스 중 한 종만이 진화해 초기 인류를 탄생시켰고, 그 종 혹은 다른 한 종은 파란트로푸스의 조상이 되었다. 그리고 나머지 종들은 오스트랄로피테쿠스로 살아가다 후손을 남기지 못한 채 멸종하고 말았다.

파란트로푸스

20세기 중후반에 발견된 오스트랄로피테쿠스 화석의 일부는 두개골이 유달리 큰 탓에 '건장한 유형'이라 불렸고, 나머지는 '호리호리한 유형'으로 불렸다. 이후 건장한 오스트랄로피테쿠스는 일반적으로 쓰이는 명칭인 **파란트로푸스**로 재분류되었다.

파란트로푸스는 큰 얼굴과 묵직한 턱이 특징이다. 큰 어금니는 딱딱하고 섬유질이 많은 음식을 먹기에 적합했다. 치아를 화학 분석한 결과 이들은 어린잎이나 과일보다 훨씬 질긴 줄기식물을 주로 먹은 것으로 밝혀졌다. 이산화규소SiO_2가 풍부한 이 식물들은 치아에 특유의 마모 자국을 남겼다. 파란트로푸스는 남성이 여성보다 훨씬 몸집이 컸다. 남성의 두개골 윗부분은 수컷 고릴라처럼 닭 볏 모양으로 볼록 솟아 있었는데, 이는 강한 저작근을 지탱해주는 역할을 했다. 파란트로푸스는 두개골 화석은 많이 발견되었지만 그 외 신체 부위에 대해서는 알려진 바가 거의 없다.

가장 오래된 종은 230만~270만 년 전에 생존했던 파란트로푸스 에티오피쿠스*Paranthropus aethiopicus*로, 에티오피아에서 발견되었다. 그다음에 등장한 파란트로푸스 보이세이*Paranthropus boisei*는 동아프리카에서 120만 년 전까지 살았고, 세 번째로 등장한 파란트로푸스 로부스투스*Paranthropus robustus*는 100만~220만 년 전에 남아프리카 공화국에서 살았다. 일부 학자는 파란트로푸스 로부스투스가 오스트랄로피테쿠스 아프리카누스의 후손이라고 주장하기도 한다. 파란트로푸스는 모두 공통점을 가지고 있지만 같은 계통에 속하는지는 확실하지 않다. 서로 다른 종도 유사한 환경에서 살아가면 비슷한 특성을 얻을 수 있기 때문이다. 이러한 수렴 현상은 동물들의 진화 역사에서 흔하게 일어나며, 공통 조상으로부터 물려받은 유사한 특징과 혼동되기도 한다.

어찌 되었든 파란트로푸스는 100만 년 전 지구상에서 모두 사라졌다. 특별한 식습관으로 기후나 환경의 변화에 적응하기 어려웠기 때문일 수도 있다. 그렇지 않으면 인류에게 책임이 있을 수도 있다. 사실 파란트로푸스는 호모속에 속하는 다른 호미닌, 즉 인류의 조상들과 교류했기 때문이다.

3장

고대 인류

우리는 오랫동안 인류가 단순한 역사의 길을 걸어왔을 것이라고 생각했다. 오스트랄로피테쿠스가 고대 인류인 호모 하빌리스로 진화하고, 호모 하빌리스가 인류와 근접한 신체를 가진 호모 에렉투스를 탄생시키고, 호모 에렉투스의 직계 후손이 호모 사피엔스라고 믿었던 것이다. 하지만 최근 몇 년간 새롭게 발견된 사실들로 인해 각 진화 단계가 예상처럼 간단하지 않다는 것이 밝혀지며, 인류의 계통수는 훨씬 복잡한 모습을 띠게 되었다.

초기 호모의 조상

현대 진화론에 따르면 인간의 기원에 대한 연구는 단순히 인류의 조상을 찾는 것으로 요약될 수 없다. 발견한 화석이 인류가 아닌 다른 종의 조상이라는 것을 어떻게 확신할 수 있을까? 고생물학자는 동물의 종을 식별할 때 과거 생태계에서 차지한 위치보다 친척 관계를 연구하는 것을 더 선호한다. 두 화석이 같은 파생형질을 지니고 있다면, 다시 말해 같은 해부학적 변화가 일어났다면 이들은 동류에 속하며 공통된 조상을 가진다고 볼 수 있다. 하지만 계통상 가까운 화석이라 하더라도 공통 조상이 누군지는 대부분 알 수 없다. 이러한 **분지론적 분석**을 통해 우리는 생물들의 동류 관계를 보여주는 계통수를 더욱 엄격한 기준으로 그릴 수 있고 이에 대해 객관적인 논의를 할 수 있다.

인류의 조상을 찾는 일에서는 이론을 엄격하게 적용하는 것이 등한시되는 경향이 있다. 발견한 화석이 인류 족보의 어디에 위치하는지가 상징적인 면에서 무엇보다 중요한 것처럼 여겨지기 때문이다. 사실 여부에 상관없이 직계 조상이라고 하면 멸종해버린 친척종보다 흥미롭게 느껴진다. 오스트랄로피테쿠스속과 그와 유사한 종(케냔트로푸스, 파란트로푸스)이 넘쳐나고 있어 누가 정말 인간의 계보인지 참으로 궁금하지 않을 수 없다. 초기 호모의 조상은 도대체 누구일까?

고인류학자들은 가장 '인간다운 특징'을 찾아내기 위해 화석들을 면밀히 분석했으나 얼마 지나지 않아 여러 가지 문제에 부딪혔다. 우선 화석 인류의 유해가 불완전해 계보의 위치를 알 수 있는 정보가 부족했다. 또한 한 종 내에 원시형질과 현대적 형질(인간 중심적 시각에서 볼 때 현생 인류에 더 가까운 특징)이 동시에 존재했다(120쪽 '현대적 특징을 지닌 사피엔스' 참조).

그뿐만 아니라 이전에 설명했던 것처럼 서로 다른 종도 비슷한 환경의 제약을 받으면 유사한 모습으로 진화할 수 있다. 다시 말해, 현대적 형질을 지닌다고 해서 그 종을 인류의 조상으로 볼 근거는 없다. 호미닌 중에는 석기를 만들 수 있지만 인류의 조상에 속하지 않은 종도 여럿 있다.

인간과 오스트랄로피테쿠스의 차이점은?

인류 계보의 시초인 오스트랄로피테쿠스종을 알아냈다고 하더라도 여전히 답을 찾을 수 없는 문제가 있다. 고인류종이 인간으로 진화한 순간을 언제로 보아야 하느냐 하는 점이다. 인간과 오스트랄로피테쿠스를 명확하게 구별해주는 특성은 존재하는 것일까?

발견된 화석에 이름을 붙여야 하는 고생물학자들에게는 그냥 지나칠 수 없는 문제이다. 사실 화석을 명명하는 것은 중립적인 일과 거리가 멀다. 오스트랄로피테쿠스냐 호모냐에 따라 대중과 기자, 새로운 발굴에 투자할 기관의 반응이 완전히 달라질 수 있기 때문이다. 이러한 요소를 고려해선 안 되지만 현실적으로 무시할 수 없는 영향을 끼친다.

이 질문은 철학적('인간 고유의 특성'은 존재하는가?), 생물학적(침팬지는 인류와 유전적으로 가까운데 호모속으로 분류해야 하는가?), 고인류학적(언제부터 혹은 어떤 변화가 누적되어야 호미니드를 인간이라고 할 수 있는가?) 측면을 가지고 있다. 질문을 뒤집어볼 수도 있다. 현생 인류에서 과거로 거슬러 올라가면 어느 세대까지를 인류의 조상이라고 할 수 있을까?

선사학 연구가 시작된 이후 이 질문들에 수많은 답변이 쏟아졌지만, 다소 구시대적 발상인 '인간의 고유한 특성'을 근거로 삼은 경우가 대부분이었다. 이러한 주장은 동물행동학, 인간 고생물학, 신경학, 분자생물학 등 여러 과학 분야의 발전으로 빠르게 자취를 감추었다.

도구를 사용하는 능력은 오랫동안 인간의 전유물이라고 여겨졌으나 인간 외에도 여러 동물이 도구를 사용할 줄 안다는 사실이 밝혀졌다. 침팬지는 나무줄기를 이용해 흰개미를 잡고 돌멩이로 호두껍데기를 깨며, 돌고래는 주둥이를 보호하기 위해 해면을 쓴다. 또한 새는 나무껍질 밑에 있는 애벌레를 잡기 위해 가시를 이용하곤 한다. 게다가 가장 오래된 석기는 오스트랄로피테쿠스가 사바나를 거니는 유일한 종이던 시기에 등장했다(63쪽 '도구를 사용하기 시작하다' 참조).

인간만의 특성이라고 생각되었던 또 다른 예는 두뇌의 용량 증가이다. 이는 인류의 역사와 생태적 지위에서 굉장히 중요한 의미를 지닌다. 두뇌 용량이 일정한 수준 이하면 유인원이고, 수준 이상이면 인간이라는 '두뇌의 루비콘Cerebral rubicon' 개념까지 만들어졌다. 하지만 이 개념은 유용성보다는 인간을 단순화시킨다는 부작용이 커 더 이상 이용되지 않는다.

해부학적 형태든 유전자든 인류의 신체기관은 각각 다른 속도로 진화한다. 따라서 유인원이 인간이라고 불린 정확한 시점을 찾기란 몹시 어렵다. 이 때문에 고생물학자들은 실제로 뇌 용적과 치아의 크기, 형태 등 화석에서 자주 관찰할 수 있는 특징을 포함해 모든 요소를 총체적으로 고려한다. 하지만 고대 호모종들의 연구에서 그랬듯이, 합의점을 찾는 것이 늘 쉬운 것은 아니었다.

초기 호모의 등장

1961년 고인류학자 메리 리키와 루이스 리키Louis Leakey는 탄자니아의 올두바이에서 호미닌의 두개골과 손뼈 일부분을 발견했다. 연대가 180만 년 전으로 추정되는 이 화석 인류는 그때까지 알려졌던 오스트랄로피테쿠스나 파란트로푸스와 다른 종이었다. 리키 부부는 이에 앞서 같은 장소에서 석기와 파란트로푸스의 유골을 발견할 당시 파란트로푸스를 이 석기를 만든 장본인으로 추정했다. 하지만 새롭게 발견된 화석으로 상황이 완전히 반전되었다. 새로 발견된

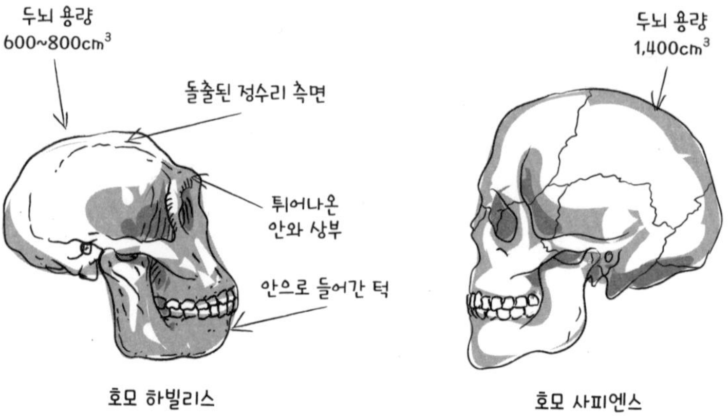

호모 하빌리스와 호모 사피엔스의 두개골 비교

화석은 손의 형태가 인간에 더 가까웠고 어금니의 크기도 더 작았다. 두뇌 용량은 초기 추정값이 600cm³로 오스트랄로피테쿠스보다 훨씬 컸다. 손가락뼈는 침팬지처럼 굽어 있었지만 손가락의 끝부분이 넓어 손을 정교하게 사용했던 것으로 보인다. 학자들은 석기를 만드는 데 훨씬 좋은 조건을 갖춘 이 호미닌에게 '손을 쓰는 사람'을 뜻하는 호모 하빌리스라는 이름을 붙여주었다.

그 후 몇 년 동안 고인류학자들은 상당수의 다른 유골 화석을 발견했다. 그 화석들은 고인류로 분류했지만 기존 화석과 굉장히 다른 특징을 지니고 있어 새로운 종의 이름을 붙여야만 할 것 같았다. 그중 하나가 케냐의 루돌프 호수(현재는 투르카나 호수)에서 이름을 따온 호모 루돌펜시스이다. 키가 더 크고 얼굴이 납작했던 이 화석 인류는 180만~230만 년 전 생존했던 것으로 추정되었다. 또한 2015년 에티오피아의 레디게라루에서 발굴된 아래턱뼈 화석은 연대가 280만 년 전으로 추정되어 호모속의 출현 시기를 50만 년 더 이전으로 앞당겼다.

호모속의 화석들은 오스트랄로피테쿠스처럼 유해가 불완전하고 조각 난 경우가 많았으며, 복원된 형태에 대해서도 의견이 분분했다. 호모 하빌리스와 호모 루돌펜시스는 두 개의 종일까, 외형의 다양성 범위가 넓은 하나의 종일까? 이 호모들은 성적 이형성이 크다는 점에서 문제가 더욱 복잡해졌다. 이들의 차이가 일부분은 성별에 따른 것일 수도 있었기 때문이다. 더 최근에는 이들이 정말 호모에 속하는지에 대해서도 논란이 있었다. 일부 고인류학자들은 이들 화석의 대부분이 오스트랄로피테쿠스이고, 진짜 호모는 더 나중에 나타난다고 주장한다.

또 다른 문제는 두개골과 턱을 제외한 다른 신체 부위에 대해서 알려진 정보가 거의 없다는 것이다. 현재까지 루시만큼 유골이 온전하게 보존된 화석은 없다. 얼마 안 되는 팔다리의 뼛조각에 따르면 이 호미닌들은 오스트랄로피테쿠스보다 몸집이 조금 더 크고, 여전히 나무 위에서 시간을 보내기도 했지만 직립보행에 더 능했던 것으로 추정된다. 크고 짧은 엄지발가락은 걸을 때 편리했고, 아치형 모양의 발바닥은 충격을 효율적으로 흡수할 수 있었다.

인류의 요람은 동아프리카?

200만 년 전 이전에 살았던 모든 호미닌의 화석은 아프리카에서 발견되었다. 호모속이 아프리카에서 처음 등장했다는 가설은 이 사실에 근거를 둔다. 거의 대부분의 화석은 동아프리카에서 발견되었는데, 에티오피아와 탄자니아 그리고 특히 케냐에서 많이 발굴되었다. 남아프리카에서는 커다란 맹수들에게 잡아먹힌 호미닌의 화석이 동굴에서 발견된 경우가 많았다. 이 화석들은 흙이 무너져 내리거나 물이 스며들어 지층에 변화가 생긴 탓에 연대를 밝혀내기가 쉽지 않았다.

반대로 동아프리카에서는 연이은 화산 활동과 사막이 혼재해 화석의 발견과 연대 측정이 더 수월했다. 무엇보다 지질 구조가 굉장한 이점이었다. 동아프리카에서의 화석 연구는 대부분 대지구대 근처에서 이루어진다. 땅 밑으로 내려앉은 긴 계곡의 형태를 이루는 대지구대는 지각판의 이동으로 대륙에 균열과 틈이 생기며 생성되었다. 대지구대는 퇴적물들이 지상에 파헤쳐져 지층의 단면을 분석하는 것이 가능해졌다. 넓지 않은 땅 아래 층층이 쌓여 있는 수십 년 동안의 역사를 연구할 수 있게 된 것이다.

아프리카의 대부분을 차지하는 사하라 이남 지역의 다른 곳에서는 연구 자체가 불가능하거나 어렵다. 덥고 습한 밀림 지역에서는 지하에 접근하는 것이 불가능할 뿐 아니라 화석 보존에 적합한 환경이 아니기 때문에 대부분 화석이 소실되었다. 보다 북쪽에 있는 사하라 사막에서는 연구하는 것이 쉽진 않지만 결실을 얻을 때도 있다. 투마이와 오스트랄로피테쿠스 바렐가잘리의 경우처럼 말이다. 북아프리카는 초기 인류의 화석을 발견하기엔 지층의 역사가 너무 짧다.
요약하자면 호미닌 화석은 우리가 찾는 곳에서 발견된다. 즉 적당히 오래되고 접근이 가능하며 화석이 있을 가능성이 높은 지역에서 말이다. 여태까지 화석이 발견된 장소를 가지고 동아프리카가 명실상부한 호모속의 '요람'이라고 단정할 수는 없다는 것이다.

도구를 사용하기 시작하다

인류의 가장 오래된 석기는 330만 년 전 것으로, 2015년 케냐의 투르카나 호수 근처 로메크위 유적지에서 발견되었다. 거칠게 다듬은 돌덩이와 **망치**, 커다란 모룻돌이 함께 있었다.

로메크위 석기의 제작 방법은 간단했다. 다듬어야 하는 돌, 즉 몸돌을 모루 위에 내리치는 식이었다. 고정된 받침에 내리치는 이 기술을 이용하면 섬세한 결과물을 만들어낼 수는 없었지만 날카로운 파편을 얻을 수 있었다. 뾰족한 파편들을 얻는 것이 목적이어서 돌을 다듬고 난 뒤엔 부스러기만 남았을 가능성도 있다. 중요한 것은 특정한 물건을 만들려는 의도를 가지고 작업을 했다는 것이다.

그러나 현재까지 밝혀진 바에 따르면, 이 시기에는 아직 호모속이 등장하지 않았기 때문에 인간이 이 석기를 만들었다고 할 수는 없다. 이 당시 아프리카에서 발견된 유일한 화석 인류는 루시가 속하는 오스트랄로피테쿠스 아파렌시스와 케냐트로푸스 플라티오프스 등 오스트랄로피테쿠스종뿐이다. 이 석기들이 특정한 호미닌과 관련 있다는 증거가 존재하지 않을뿐더러, 석기 제작은 인류 계보에 속하지 않는 종을 포함해 다양한 종이 해왔다.

호모 하빌리스는 더 정교한 방식으로 도구를 다듬었다. 이들이 사용한 뗀석기는 적어도 한쪽 모서리가 날카로웠고, 보통 한 손으로 몸돌을 잡고 다른 손으로 돌망치를 내리쳐서 만들었다. 몸돌에서 떼어낸 파편인 격지를 사용했을 수도 있다. 이 뗀석기들은 인류 최초의 석기로, 탄자니아의 올두바이 협곡에서 이름을 따온 올도완 석기 문화로 규정되었다.

호미닌들은 날카로운 파편을 만들면서 더욱 다양한 식생활을 했

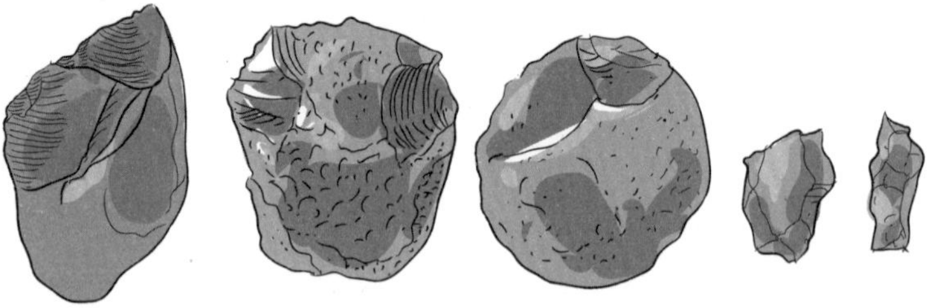

올도완 석기

던 것으로 보인다. 도구들은 육식에 점점 적응했음을 보여주는 흔적이기도 하다.

두뇌의 발달로 변화가 일어나다

초기 인류인 호모속의 출현은 오스트랄로피테쿠스 때처럼 기후 변화와 관련이 있다. 240만~290만 년 전 지구의 기후가 서늘하고 건조해졌으며, 숲의 면적이 줄어들었다. 이에 따라 호미닌들은 과거에 비해 경관이 트인, 다양한 서식지에 흩어져 살아가야 했다.

호모속은 오스트랄로피테쿠스속보다 다양한 음식을 먹었고, 특히 고기와 지방을 많이 섭취했다. 동물의 뼈에서 살을 깨끗하게 발라낼 수는 있었지만, 물소 등 몸집이 큰 짐승들을 사냥할 능력은 없었던 것으로 보인다. 이들은 다른 맹수들이 사냥한 동물의 남은 부분이나 사고로 죽은 동물의 사체를 먹었는데, 이마저 하이에나나 독수리와 경쟁해야 했다. 호모들은 날카로운 석기로 근육의 힘줄을 잘라 살을 분리했고 뼈를 부러뜨려 속에 있는 골수를 먹었다.

단백질과 지방질이 풍부한 동물성 음식의 섭취가 증가한 것은 호미닌의 두뇌가 커진 것과 무관하지 않다. 뇌는 인간 몸무게의 2%를 차지하지만 신체 활동을 하지 않을 때도 전체 에너지의 20%를 소비한다. 그러므로 뇌가 커지면 더 많은 영양분을 섭취해야 한다.

두뇌의 용량

두개골 화석에서 두뇌 용량을 추정할 수 있지만, 같은 종이라도 각 개체의 두뇌 용량은 큰 차이가 있을 수 있다. 인간만 하더라도 1,000~2,000cm³로 두 배가량 차이가 난다. 하지만 뇌 용적을 안다고 하더라도 어떤 지적 능력을 보유하고 있었는지는 전혀 알 수 없다.

그럼에도 불구하고 서로 다른 종 간의 평균 두뇌 용량 차이를 아는 것은 중요하다. 침팬지의 두뇌 용량은 400cm³로 인간의 평균 뇌 용량인 1,350cm³보다 훨씬 작다. 하지만 침팬지는 체구가 인간보다 훨씬 작기 때문에 몸집의 차이도 감안해야 한다. 두뇌 용량이 몸집에 비례해서 증가하는 것처럼 보일 수도 있지만 사실은 그렇지 않다. 인간의 뇌는 체중의 2%를 차지하지만 땃쥣과의 뇌는 10%를 차지한다.

그러므로 두 종의 비교에서는 대뇌화 지수를 이용하는 것이 더 적절하다. 대뇌화 지수는 한 종의 체중에서 기대되는 뇌의 크기와 실제 뇌 크기의 차이를 나타낸다. 인간은 대뇌화 지수가 7.5로 뇌가 큰 편이라고 할 수 있다. 인간과 같은 몸집을 가진 포유류의 일반적인 뇌 크기보다 7~8배 더 크다는 뜻이기 때문이다. 침팬지의 대뇌화 지수는 2.5이고 돌고래는 5.3이다.

뇌가 크면 어떤 점이 좋을까? 직립보행과 마찬가지로 수백 년 뒤 발현되는 이점 때문에 뇌가 커졌다고 보기는 어렵다. 일반적으로 영장류는 비슷한 곳에서 서식하는 가젤이나 고양잇과 동물보다 뇌가 발달해 있다. 이는 먹을 것을 찾는 방법이나 야생 생활에 숨어 있는 위험 때문이라기보다는 집단 내 사회적 관계와 관련이 있다.

영장류는 상대에게 친밀감이나 적대심을 느끼며, 일상적으로 협력하고, 한번 맺은 동맹을 오랜 기간 유지한다. 그 과정에서 각 개체는 이리저리 엉킨 복잡한 관계를 맺게 되어, 공동체 내에서의 관계에 대해 더 깊이 알고 이해할 필요가 있었던 것이다. 숲과 달리 몸을 숨길 곳이 적어져 더 큰 위험에 노출된 오스트랄로피테쿠스는 집단 생활을 통해 새로운 환경에서 안전을 확보하려 했을 것이다. 이런 상황에서 큰 뇌는 집단 구성원 사이의 유대 형성에 도움을 주는 이점으로 작용했을 수도 있다.

하지만 이렇게 얻은 안전에는 대가가 뒤따랐다. 뇌가 발달함에 따라 동물성 성분이 많으면서도 소화하기 쉬운 음식을 먹어야 했다. 소화가 잘 되는 음식을 먹으면 소화기관에 쓰이는 에너지를 절약해서 뇌에 사용할 수 있고, 뇌에 더 많은 에너지가 공급되면 더 많은 먹거리원을 찾거나 이를 위한 도구를 만들 수 있다. 이것을 대뇌화의 선순환 체계라고 한다.

또 다른 선순환은 뇌가 커져 동료들과 더 조화로운 관계를 맺으면 새로운 자원을 공유하는 등 서식지를 효율적으로 이용하게 된다는 것이다. 오늘날 학계에서는 구성원들의 상호작용이 호모속이 출현하는 데 적지 않은 역할을 했다고 본다.

초기 호모는 오스트랄로피테쿠스보다 두뇌 용적이 더 크지만 몸집 역시 더 크다. 호미닌의 뇌 용량이 실제로 증가한 것은 50만 년 전 이후이며, 그전까지는 전체적인 체구가 커졌기 때문에 뇌가 커진 것이었다.

두뇌 용량과 대뇌화 지수는 호모속에서 실제로 일어난 변화들을 설명하기에 충분하지 않다. 지능(여기에서 지능은 단순하게 새로운 문제를 푸는 능력을 말한다)과 더 큰 상관관계를 가진 요소는 대뇌피질(회백질) 뉴런의 수와 기능이다. 뉴런의 기능은 다른 뉴런과 연결될 수 있는 능력과 신경 임펄스(신경의 전기 신호 전달)의 속도를 말한다.

두개골에는 뇌의 흔적이 남아 있어 뇌엽의 상대적 크기나 좌뇌와 우뇌의 차이 등 해부학적 정보를 얻을 수 있다. 그러나 뇌 크기가 증가한 것만큼 중요한, 진화에 따른 뇌 구성의 변화에 대해서는 화석에서 정확한 정보를 알아내는 것이 불가능하다. 화석이 DNA를 보존하고 있는 것이 아니라면 말이다(120쪽 '현대적 특징을 지닌 사피엔스' 참조).

현생 인류에 가까운 호모 에렉투스

1984년 나리오코토메 소년Nariokotomé boy 혹은 투르카나 소년Turkana boy이라고 불리는 화석의 발견으로, 초기 인류의 종적을 찾는 연구는 눈부신 진전을 이루었다. 이 화석은 손과 발을 제외하면 완전한 형태가 보존되고 현생 인류와 굉장히 가까운 특징을 지니고 있었다.

인류학자인 리처드 리키Richard Leakey 연구 팀의 카모야 키메우Kamoya Kimeu가 투르카나 호수 근처에서 발견한 이 화석은 150만 년 전에 생존했던 여덟 살짜리 어린아이였다. 키는 150cm가 조금 넘어, 어른이 되면 170cm 이상까지 성장했을 것으로 추정되었다. 초기 연구에서는 이 화석의 주인공이 열한 살에 키도 더 컸을 것으로 보았으나, 치아를 정밀 분석한 결과 성장 속도가 현생 인류보다 훨씬 빨랐던 것으로 밝혀졌다. 여덟 살밖에 되지 않았는데 성장이 거의 끝났던 것이다.

팔다리의 비율이 인류와 몹시 유사하고 골격이 오스트랄로피테쿠스보다 현생 인류에 훨씬 더 가까웠다. 골반과 넓적다리뼈의 모양으로 보아 걷는 것은 물론 달릴 수도 있었다. 반대로 조상들보다 나무를 잘 타지는 못했던 것으로 보인다. 2009년 케냐에서 이 화석 인류와 같은 종의 발자국이 발견되었는데, 어떤 것은 호모 사피엔스의 발자국과 거의 구분할 수 없을 정도였다.

이 화석 인류는 앞으로 돌출된 얼굴에 비해 두개골이 작았다. 치아는 현생 인류에 비해 여전히 발달된 형태였지만 호모 하빌리스보다는 작았다. 크고 앞으로 돌출한 눈썹 뼈 때문에 이마는 경사지고, 턱은 안쪽으로 들어가 있었다.

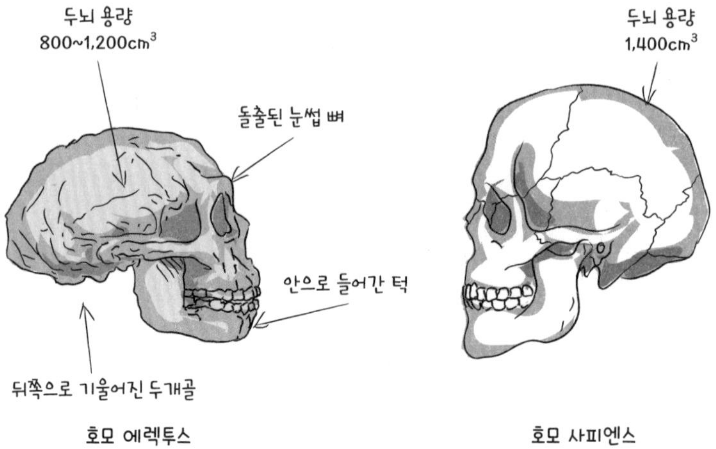

호모 에렉투스와 호모 사피엔스의 두개골 비교

두뇌 용량은 약 800cm³로 호모 하빌리스보다 컸는데 체격 역시 더 컸다. 뇌는 조상들보다 더 비대칭을 이루고, 브로카 영역과 베르니케 영역처럼 언어 사용에 관여하는 대뇌피질이 발달해 있었다. 하지만 이것을 이들이 말을 했다는 증거로 볼 수는 없다. 입안과 식도 사이에 위치한 인두가 해부학적으로 말을 할 수 있는 구조여야 하는데 이에 대한 정보를 제공해주는 화석은 존재하지 않는다.

나리오코토메 화석은 처음에는 형태가 가장 잘 보존된 호모 에렉투스로 세상에 알려졌다. 하지만 아시아의 호모 에렉투스와 차이점이 크다고 생각한 고인류학자들은 이 화석을 새로운 종인 호모 에르가스터*Homo ergaster*로 분류하고, 아시아 호모 에렉투스의 아프리카 조상이라고 보았다.

호모 에르가스터든 호모 에렉투스든 이 호모속은 190만 년 전 아프리카에서 살았다. 학자들은 이들을 호모 하빌리스의 후손이라고 생각했지만, 150만 년 전에 살았던 두 종의 화석이 발견되었다. 적어도 50만 년을 함께 살아온 이들은 생활방식이 달라 경쟁할 위험이 적었는지도 모른다. 호모 하빌리스는 호모 에렉투스보다 식물성 음식을 많이 먹었던 것으로 알려져 있다.

싱크로트론이 밝혀낸 것들

X-선 마이크로토모그래피 기술을 이용하면 뼈 화석을 분해하지 않고도 내부를 정밀하게 관찰할 수 있다. 이 기술을 통해 치아에서 특히 흥미로운 특징을 발견할 수 있었다. 치아 표면의 가장 단단한 층인 법랑질은 성장하는 동안 조금씩 두꺼워지는데, 싱크로트론을 이용하면 법랑질을 굉장히 얇은 선의 형태로 분석할 수 있어 법랑질의 형성 과정을 파악할 수 있다. 이 법랑질에 남은 흔적으로 출산이나 젖을 떼는 일 등 인생의 중요한 순간들이 언제 일어났는지 알 수 있게 된 것이다.

또한 치아의 미세구조를 관찰한 결과, 오스트랄로피테쿠스가 침팬지만큼 성장 속도가 빠르다는 것이 밝혀졌다. 나리오코토메 소년은 그보다 성장 속도가 느렸지만 현생 인류와는 여전히 큰 차이가 있었다.

만능도구 주먹도끼

나리오코토메 소년 곁에서 호모 하빌리스가 만든 것과 유사한 뗀 석기가 함께 발견되었다. 하지만 그 당시 아프리카에서는 **주먹도끼**라는 새로운 도구가 제작되고 있었다. 주먹도끼는 타원형이나 삼각형 꼴의 아몬드 모양으로 다듬어 두 면이 대칭을 이루고 한쪽 모서리가 날카로웠다.

주먹도끼는 호모 에렉투스가 170만 년 전부터 만든 것으로 추정된다. 호모 에렉투스는 가로날도끼도 만들었는데, 이 석기는 주먹도끼와 비슷하게 생겼지만 한 면은 다듬지 않았고 직각으로 날이 서 있는 형태였다. 이들은 석기를 제작할 때 생기는 파편도 다듬어서 더 작은 도구를 만들었다.

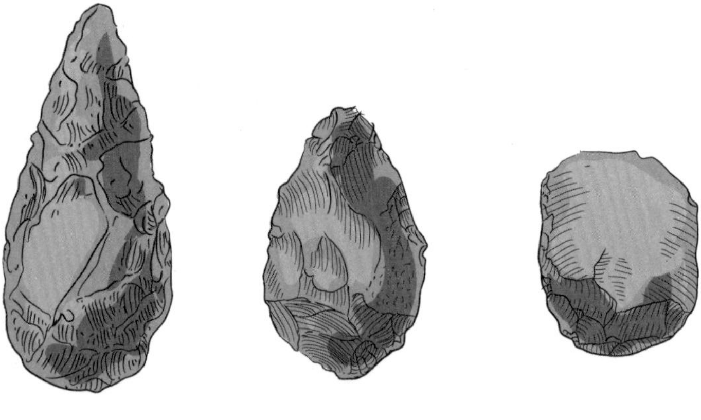

주먹도끼 　 주먹도끼 　 가로날도끼

아슐리안 석기

1872년 주먹도끼가 발견된 프랑스 아미앵 지역의 생 아슐에서 이름을 따온 **아슐리안 문화**는 **올도완 문화**의 뒤를 잇는다. 그러나 두 문화의 기술들은 같은 시기에 같은 장소에서 함께 사용된 것으로 보인다. 아슐리안 문화와 올도완 문화는 **전기 구석기시대**의 대표적인 석기 문화이다.

« 선사시대와 역사시대에 인간이 보여준 고유한 특징과 지능의 증거만 가지고 보면 현생 인류는 호모 사피엔스가 아니라 호모 파베르*Homo faber*(만드는 사람)이다. »

앙리 베르그송, 1920

150만 년 전 이후 만들어진 주먹도끼는 서아시아와 인도에서 차례로 발견되었고, 유럽에서는 65만 년 전에 등장했다. 그러나 아슐리안 문화는 30만 년 전 초기 호모 사피엔스와 네안데르탈인의 석기 문화인 **무스티에 문화**에 조금씩 자리를 내주었다.

주먹도끼를 만들었다는 것은 인류가 기술적으로 큰 진보를 이루었다는 의미이다. 원하는 모양을 머릿속으로 정확하게 구상하는 것은 물론, 뗀석기를 만들 때보다 더 정교한 손기술이 필요하기 때문이다. 용도에 맞는 도구를 간편한 방식으로 만들 수 있는데도 굳이 더 복잡한 대칭 형태의 도구를 만들고자 했다는 점에서, 선사학자들은 이를 인류 최초의 미적 추구 행위로 해석하기도 한다.

당시 인류가 석기를 어떤 용도로 사용했는지는 정확히 알려지 것이 없다. 선사학자들이 커다란 소의 고깃덩어리로 실험한 결과, 힘줄을 끊어 살을 발라내고, 뼈를 부수어 골수를 먹었다는 것을 알 수 있었다. 주먹도끼는 형태가 다양한 점으로 보아 땅을 파거나, 나무를 베고, 가죽을 뚫고, 경쟁자를 제압하는 등 여러 용도로 쓰였을 것으로 추정된다(91쪽 '사냥에 도구를 사용하다' 참조). 또한 사용하던 도구를 다시 다듬어 다른 용도로 사용하기도 했을 것으로 보인다.

그로부터 더 시간이 흘러 50만 년 전에는 뼈나 사슴뿔로 된 더 '무른' 망치를 이용해 도끼를 더욱 정교하게 만드는 것이 가능했다. 의식이나 과시의 목적으로 사용된 주먹도끼들은 멀리 떨어진 지역까지 가서 괜찮은 돌을 골라 정성 들여 만든 것으로 추정된다.

호모 에렉투스, 달리기 시작하다

대니얼 E. 리버먼Daniel E. Lieberman을 포함한 몇몇 고인류학자는 호모 에렉투스가 달릴 수 있게 된 것이 인류의 진화에서 가장 본질적인 변화 중 하나라고 생각한다. 더 정교하게 만들어진 석기를 무기로 사용하는 이들의 모습은 인류 최초의 사냥꾼을 떠올리게 한다.

사바나에 사는 많은 동물은 인간보다 달리는 속도가 빠르지만, 인간만큼 오래 뛸 수 있는 종은 드물다. 인간의 진짜 전문 분야는 오래달리기인 것이다. 호모 에렉투스는 사냥감이 완전히 지칠 때까지

《 193종의 원숭이와 유인원 가운데 192종은 털북숭이이다. 홀로 매끈한 피부를 가진 종은 스스로를 호모 사피엔스라고 칭했다. 》

데즈먼드 모리스, 1960

뒤쫓았을 것이고, 덩치가 큰 동물보다는 가젤이나 산토끼 같은 작은 동물이 사냥감이었을 것으로 보인다.

호모 에렉투스가 달릴 수 있게 된 것은 단순히 다리가 길어서만이 아니라, 이제까지 없던 새로운 특성을 얻었기 때문이다. 이들은 몸이 호리호리하고 흉곽이 원통 모양이었다. 식물성 음식 섭취가 줄어듦에 따라 장의 길이가 짧아졌고, 배도 들어갔다. 열대 기후여서 땀을 많이 흘렸던 것으로 추정된다. 땀은 증발하면서 근육의 열을 빠르게 빼앗아가기 때문에 체온을 조절할 수 있는 효율적인 방법이다. 이는 반대로 털로 뒤덮여 있는 동물들이 오래 달릴 수 없는 이유이기도 하다.

호모 에렉투스가 땀을 많이 흘리는 이유는 피부에 수백만 개의 땀샘을 가지고 있기 때문이다. 이는 호모 에렉투스가 조상들과 달리 털이 많지 않다는 것을 의미한다. 인간의 털이 언제 사라졌는지는 화석을 통해 알 수 없지만, 털과 오래달리기 사이에는 큰 상관관계가 있었던 것으로 보인다.

이 문제에 대해 더 많은 것을 알려주는 것은 다름 아닌 '이'이다. 모든 영장류의 몸에는 기생충이 들끓는데, 현생 인류도 예외가 아니어서 머릿니, 몸니, 사면발니 등 여러 종류의 이가 기생했다. 인간의 몸에 있는 이는 모두 같은 과에 속하며 침팬지와 고릴라의 몸에 있는 이와 유사하다. 이의 DNA를 분석한 결과, 인류의 진화와 관련해 재미있는 정보가 밝혀졌다. 우선, 머릿니와 몸니는 수십만 년 전에 분화한 가까운 친척 종인 것으로 나타났다. 이들이 두 계보로 분화한 이유는 인간이 옷을 입기 시작했기 때문으로 추정된다. 또한 인간의 이는 침팬지의 이와 같은 조상이었다. 이들의 공통 조상은 560만 년 전에 살았는데, 인간과 침팬지가 두 계보로 나누어진 시기와 거의 일치한다.

비슷한 특징을 보이는 사면발니와 고릴라에 기생하는 이는 같은 종이었다가 약 300만 년 전에 분화했다. 분화 전에는 호미닌과 고릴라 둘 다 나무 밑에서 용변을 보아 이가 쉽게 옮았던 것으로 보인다. 그러나 이가 두 개의 종으로 분화했다는 것은 서식 환경의 변화를 의미한다. 초기 호모속의 털이 사라진 것이 영향을 끼치지 않았을까? 고릴라의 이는 전신을 덮고 있는 털 속에 계속 기생할 수 있지만, 사면발니는 인간의 사타구니로 영역이 제한되었다. 이것은 호모속이 등장하기 얼마 전에 털이 사라졌음을 뜻한다.

털이 줄어들자 또 다른 변화가 발생한다. 햇볕이 강하게 내리쬐는 적도 지방에서는 유해한 자외선으로부터 피부를 보호해야 하는데, 털로 뒤덮인 오스트랄로피테쿠스의 피부는 대부분의 유인원이 그렇듯 밝은색이어서 멜라닌 색소가 빠르게 증가했다. 멜라닌은 현

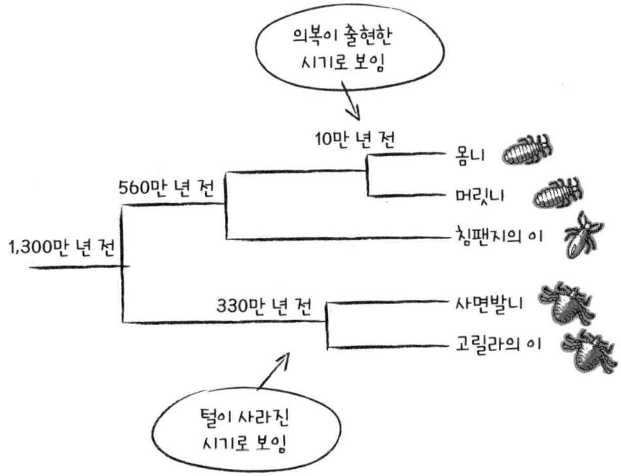

호미니드에 기생하는 이의 계통수

생 인류의 피부색을 결정하는 흑갈색 색소로, 피부를 보호해주는 역할을 한다.

초기 인류의 가계도

초기 호모속으로 분류된 모든 화석은 모자이크 조각을 이루며, 해석 방식과 복원 결과, 새로 발견되는 화석에 따라 위치가 변화한다. 앞서 설명한 것처럼 호모 하빌리스, 호모 루돌펜시스, 호모 에렉투스도 이런 과정을 거쳐 분류되었다. 이들은 특정 시기에 함께 살았던 것으로 추정된다.

어떤 연구자들은 1991~2005년 조지아의 드마니시에서 발굴된 화석을 근거로 여러 종의 호모속이 존재한다는 것에 의문을 제기하기도 한다. 발견된 석기와 인골 중에 180만 년 전의 것으로 추정되는 두개골 다섯 개가 있었는데 보존 형태가 놀라울 만큼 완전했다. 그 중 마지막 두개골은 D4500이라고 명명되었는데, 그보다 5년 일찍 발견된 턱 화석과 완벽하게 일치했다. 두뇌의 용량은 550cm^{3}로, 호모 하빌리스 중 가장 작은 편에 속했다. 얼굴은 호모 에렉투스와 비슷했지만 치아는 호모 루돌펜시스에 가까웠다. 다른 두개골들은 뇌 용적이 630~700cm^{3}로 더 컸다. 두개골과 턱 형태에는 원시형질과 파생형질이 공존했는데, 호모 하빌리스, 호모 루돌펜시스, 호모 에르가스터 등 같은 시기에 살았던 모든 호모속에서 관찰되는 특징이었다.

이러한 차이에도 불구하고 같은 장소에서 발견된 이 두개골들은 같은 시기에 살았던 하나의 종으로 추정된다. 분석에 참여한 연구자들은 화석들 간의 차이점이 너무나 명확해 다른 장소에서 발견되었더라면 서로 다른 다섯 개의 종으로 분류되었을 수도 있다고 밝혔다. 이렇게 큰 차이가 나타난 이유는 연령대가 달랐기 때문이다. 어떤 두개골의 치아는 어린 나이에 사망했음을 보여주는 반면, 다른 화석은 이가 모두 빠진 노인이었다. 성별에 따른 차이와 한 개체 내의 다양성도 외형적 차이가 두드러지게 나타난 요인이었다.

2013년 화석을 발굴한 데이비드 로드키파니즈David Lordkipanize와 동료 연구진은 현생 인류와 침팬지에게서도 이러한 종 내 다양성

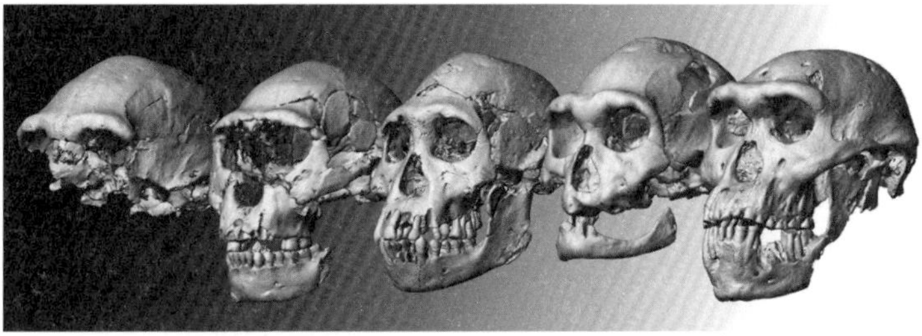

드마니시에서 발견된 두개골 다섯 개의 3D 복원 이미지

을 관찰할 수 있다는 연구 결과를 발표했다. 그렇기 때문에 이 시기에 살았던 호모속들을 모두 호모 에렉투스라는 하나의 종으로 보아야 한다는 것이다. 하지만 다른 학자들은 이들을 모두 하나의 집단으로 묶는 것은 다른 지역에서 발견된 화석들과의 실제 차이를 간과하는 것이라며 반대했다.

초기 인류 진화의 계통도는 새로 발견된 새로운 화석들로 인해 더욱 복잡해졌다. 2013년 미국의 고인류학자 리 버거 연구 팀은 남아프리카 공화국의 라이징 스타 동굴에서 엄청난 크기의 유골 더미를 발견했다. 라이징 스타 동굴은 버거 박사가 오스트랄로피테쿠스 세디바를 찾은 곳에서 겨우 1km 떨어진 곳이었다. 다양한 연령대에 속한 15명의 뼛조각이 1,500점 이상 발견되었는데, 거의 완전한 형태의 유골로 복구할 수 있었다. 이 발견은, 적어도 양적인 면에서는 인간 고생물학에서 가장 중요한 사건 중 하나로 여겨진다.

이 화석들에는 여러 특징이 혼재했다. 오스트랄로피테쿠스처럼 키와 뇌 용량(500cm³)이고 현대적인 면모도 갖추고 있었다. 버거는 이 화석을 호모 날레디*Homo naledi*라 명명하고, 인류의 조상으로 추정했다. 호모 날레디의 팔은 기어오르기에 적합했지만, 손은 정교하게 놀릴 수 있는 형태였다. 고관절은 루시와 비슷했고, 발은 놀라울 만큼 현 인류와 유사했다. 호모 날레디는 오스트랄로피테쿠스 세디바처럼 조상형질과 파생형질이 혼재하고 넙다리뼈를 포함한 몇 가지 뼈는 오스트랄로피테쿠스나 인간에게서 볼 수 없는 특이한 특징을 가지고 있었다.

유골들이 이렇게 한 동굴 안에 밀집해 있는 것은 일반적으로 포식자에게 잡아먹혔거나 지하수가 흘러들어왔기 때문이다. 동굴 속에서 영양 등 다른 동물들의 뼈가 발견되지 않았다는 점에서 장례의식의 흔적이라고 추정하는 이들도 있지만, 대부분 학자는 이 가설에 동의하지 않는다. 이렇게 깊은 동굴 속에 들어오려면 불을 사용하는 것이 필수적인데, 이제까지 호모 날레디만큼 뇌가 작은 호미닌이 불을 다룬 경우는 없었기 때문이다.

처음에는 호모 날레디가 생존한 연대를 200만 년 전으로 추정해 다른 호모속과의 순서를 가리기가 어려웠다. 그러나 2017년 들어 이들의 생존 시기가 30만 년 전이라는 연구가 발표됨에 따라 인류의 계통수 어디에 위치하는가 하는 문제는 더욱 복잡해졌다. 호모 날레디는 중요한 화석종이지만, 연대 문제 때문에 인류의 족보에서 어느 곳에 위치하는지와 더 나아가 호모속으로 보아야 하는지에 대해서까지 학자들 간에 논란이 분분하다. 이와 더불어 대학 연구진들은 버거의 발표 방법도 탐탁지 않아 한다. 과학 전문지에 구체적인 연구 내용을 발표하기에 앞서 발견한 내용을 미디어에 공개하고 대중잡지에 실었기 때문이다.

4장

세상의 끝까지

오늘날 호모 사피엔스는 지구 곳곳에서 살아가지만, 현재까지 밝혀진 사실에 따르면 인류의 발원지는 아프리카이다. 인류의 조상은 어떻게 다른 대륙을 점령했을까? 이러한 이주는 현생 인류의 등장과 어떤 관련이 있을까?

아프리카를 벗어나 더 넓은 세계로

새롭게 발견된 수많은 화석으로 인해 인류가 아프리카를 떠나 유라시아의 새로운 환경으로 생활 반경을 넓혀간 시기는 점점 늦춰지고 있다.

흔히 '탈아프리카'라고 하지만 이는 의미상으로 비약적인 표현

« 걸으면 해결된다

Solvitur ambulando. »

디오게네스

이다. 얼룩말이나 누 무리의 이주를 쫓아가다보니 분포 지역이 점진적으로 넓어진 것이기 때문이다. 이주가 기후 변화의 영향을 많이 받다보니 수렵채집 생활을 하는 소규모 집단들은 새로운 장소에 머무를 때도 있었는데, 그러다가 일시적으로 인구가 증가했던 것이다. 즉 어떤 의도를 가지고 계획을 세워 새로운 영토를 탐험한 것이 아니라 수천 년에 걸쳐 조금씩 거주 지역을 넓혀간 것이다. 개인의 생애를 기준으로 보면 이동하고 있다는 것이 거의 느껴지지 않을 정도의 속도였다. 한 세대가 이동한 거리가 10km 미만이라고 하더라도 수만 년이 흐른 뒤에는 서아시아 지역에 도달할 수 있다. 하지만 대부분의 연대 측정 방법은 실제로 이보다 더 오랜 시간이 걸렸다고 추정한다.

흑해와 카스피해 사이에 위치한 조지아 드마니시에서 발견된 호모 화석은 180만 년 전 인류가 이미 유라시아로 넘어갔다는 것을 보여준다. 이들은 호모 하빌리스가 만든 것과 비슷한, 단순한 모양의 뗀석기를 사용했다. 고인류가 그보다 더 오래전에 아프리카를 떠났다는 주장도 있다. 2016년 인도 북쪽에 위치한 마솔에서 인위적으로 살점이 발라진 흔적이 있는 소과 동물의 뼈가 발견되었기 때문이다. 뗀석기와 함께 발굴된 이 화석은 260만 년 전의 것으로 추정된다.

이동에 따른 변화

호모속은 이동하면서 원래 살던 아프리카와 매우 다른 환경에 맞닥뜨렸다. 이들은 주변 환경과 생활방식, 근처에 사는 다른 종들에 따라 각각 다른 모습으로 분화했고 다양한 진화 경로를 거쳤다. 특히 오랜 기간 고립되어 살아가는 경우 차이점이 더 두드러졌다. 생활 반경이 넓어짐에 따라 인류의 가계도는 더욱 풍성해졌고 여러 인류종이 출현하게 된 것이다.

역사 속 최초의 호모 에렉투스는 1891년 인도네시아 자바섬의 트리닐 유적지에서 발견되었다. 화석을 발견한 외젠 뒤부아는 이를 **피테칸트로푸스**라는 새로운 종으로 분류했다. 그 후 자바섬에서는 연대가 80만 년 전으로 추정되는 산기란Sangiran의 두개골을 포함해 호모 에렉투스의 다른 화석들이 발견되었다. 또 다른 화석은 1921년과 1937년 중국 베이징 근처 저우커우뎬 채석장에서 발굴되었는데, 당시에는 시난트로푸스sinanthropus 혹은 베이징 원인이라고 명명되었다. 그러나 이 화석은 모두 제2차 세계대전 당시 뱃길을 통해 미국으로 운송하던 도중 분실되었다.

1950년대에 이르러 고인류학자들은 아시아에서 발견된 이 화석들을 모두 '호모 에렉투스'로 분류하기로 합의했다. 호모 에렉투스는 통통한 머리 골격에 눈썹 뼈가 앞으로 솟고, 돌출된 뒤통수는 뒤로 갈수록 좁아지는 형태를 띤다. 이마는 뒤쪽으로 누워 있고, 무턱이며, 어금니는 커다랗다(70쪽 그림 참조). 후두부가 튀어나와 두개골은 길쭉한 모양이며 두개골 뼈는 다른 종에 비해 두껍다. 두뇌의 용량은 800~1,100cm^{3}로, 드마니시 화석이 더 작다. 머리뼈 모양이 특히 독특한데, 호모 사피엔스는 두개골에서 가장 넓은 부분이 뒤통수지만 호모 에렉투스는 정수리 부분이다.

아시아의 호모 에렉투스와 아프리카의 호모 에렉투스는 기본적인 외형이 같다. 그래서 중국에서 1978년에 발견된 26만 년 전의 두개골 화석은 연대가 조금 더 오래된 카브웨Kabwe 두개골, 그리고 그리스의 페트랄로나Petralona 두개골과 매우 흡사하다. 이 화석들이 서로 닮았다는 것은 호모 에렉투스가 두드러지는 종 분화 없이 **구세계** 전역에 넓게 분포했음을 의미한다. 이들은 서로 떨어져 살았지만 고립된 생활을 하는 경우가 없었고, 집단 간 유전자 교류가 꾸준히 이루어졌다.

초기 유럽인

유럽에서 발견된 가장 오래된 화석은 2018년 스페인의 오르세에서 발견된 호미닌의 치아를 통해 140만 년 전으로 추정된다. 이 화석을 제외하면 연대가 가장 오래된 고인류 화석은 모두 스페인의 아타푸에르카 유적지의 여러 퇴적층에 분산되어 있었다.

스페인어로 코끼리 구덩이라는 뜻을 가진 시마 델 엘레판테에서는 뼈 화석 몇 점과 올도완 석기 등 인간 활동의 흔적이 발견되었다. 연대가 120만 년 전으로 추정되는 이 화석 인류는 호모 에렉투스에 속하는 것으로 밝혀졌다. 근처에 있는 그란 돌리나 유적지에는 더욱 풍부한 화석이 묻혀 있었다. 이곳에서 78만 년 전의 인골 조각 80개 가량이 발견되었다. 호모 에렉투스와 조금 다른 특징을 지닌 이 화석 인류는 호모 안테세소르*Homo antecessor*라고 명명되었다. 이들도 한쪽에만 날이 서 있는 뗀석기를 사용한 것으로 밝혀졌다. 2013년에는 영국 헤이즈버러의 한 해변에서 동시대에 생존했던 것으로 보이는 성인 두 명과 여러 명의 아이 발자국이 발견되었다.

아타푸에르카 유적지가 세계적으로 유명한 이유는 연대가 보다 최근인 시마 데 로스 우에소스(뼈 구덩이) 때문이다. 1984년부터 발굴된 이 퇴적층에서는 완전한 형태의 두개골 여럿과 6,800개 이상의 두개골 뒷부분이 발견되었는데, 43만 년 전에 살았던 28명의 것으로 추정된다. 오늘날 호모 하이델베르겐시스라고 분류되는 이들은 키가 크고 체격이 건장했다. 평균 키는 남자와 여자가 각각 170cm, 157cm로 성별 간 차이가 현 인류와 비슷했다. 이들은 아슐리안 문화에 속하는 석기들을 제작했다.

이 화석들은 원시형질과 파생형질을 모두 가지고 있었다. 호모 에렉투스처럼 얼굴의 골격은 통통했지만 양쪽 눈썹 뼈가 따로따로 돌출되었다.

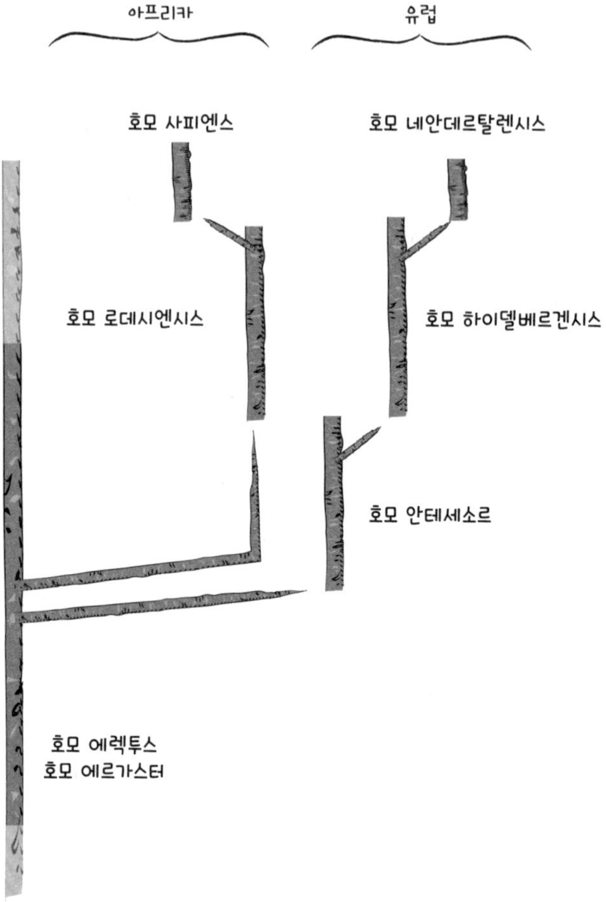

호모종의 계보에 대한 가설 1

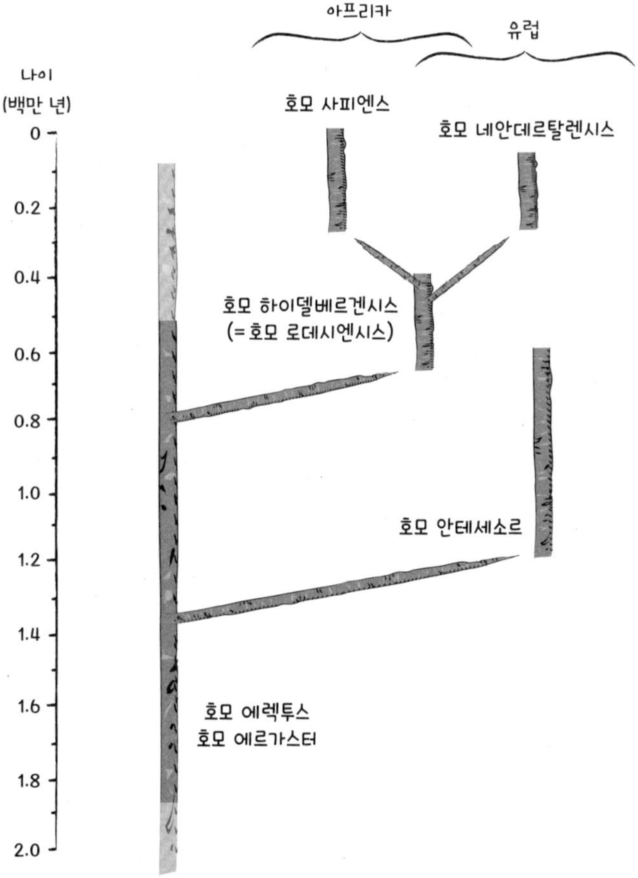

호모종의 계보에 대한 가설 2

호모 에렉투스는 안와상부의 뼈가 한 쪽에서 다른 쪽 끝까지 하나로 이어져 있다. 두뇌 용량은 1,230cm^{3}로, 아시아의 호모 에렉투스 평균보다 훨씬 컸다. 이 화석들 중 일부는 매끈한 광대뼈를 비롯해 이후 그 장소에 살았던 네안데르탈인과 비슷한 해부학적 특징을 지니고 있었다(97쪽 '유럽 인류 네안데르탈인' 참조). 그리고 DNA 분석 결과 이들은 예상대로 네안데르탈인의 조상으로 밝혀졌다.

유럽에서 발견된 연대가 더 최근인 화석들도 네안데르탈인과 비슷한 특징을 보인다. 앙리 드 룸리Henry de Lumley의 연구 팀이 프랑스의 피레네조리앙탈에 위치한 아라고 동굴에서 발견한 토타벨인(30만~45만 년 전)과 독일의 슈타인하임 두개골, 그리스의 페트랄로나 두개골 등이 그 예이다. 많은 전문가가 이들을 호모 하이델베르겐시스*Homo heidelbergensis*로 분류하지만 일부 학자들은 이들이 전형적인 유럽 고인류의 외형을 지닌 프레네안데르탈인(초기 네안데르탈인)이라고 주장한다. 호모 에렉투스가 100만 년 전 혹은 그 이전 유럽에 도착해 호모 안테세소르를 거쳐 프레네안데르탈인으로 진화했다는 것이다.

그러나 호모 에렉투스와 호모 안테세소르, 하이델베르겐시스가 차례로 등장하는 것은 맞지만 이들이 조상과 후손 관계라는 증거는 없다. 이론적으로 후손을 남기지 못하고 멸종한 종의 자리를 다른 곳에서 온 새로운 집단이 대체했을 가능성도 있다.

이런 점에서 호모 에렉투스는 적어도 두 번 이상의 이주를 통해 유럽에 온 것일 수도 있다. 이 가설에 따르면 첫 번째 집단은 120만 년 전 유럽에 도착해 호모 안테세소르를 탄생시키고 혹독한 빙하기였던 60만 년 전에 멸종한다. 그 후 아프리카에서 온 뇌가 더 크고 아슐리안 문화의 석기를 사용하는 집단이 이 자리를 대체해 네안데르탈인을 낳는다.

이 경우 호모 하이델베르겐시스는 아프리카와 유럽 고인류의 공통 조상이다. 이들은 30만 년 전 유럽에서 네안데르탈인과 데니소바인으로 분화했고 아프리카에서는 호모 사피엔스를 탄생시켰다. 이러한 계통수를 더욱 복잡하게 만드는 것은 카브웨 두개골 등 하이델베르겐시스로 추정되는 화석의 일부가 과거에 호모 로데시엔시스 *Homo rhodesiensis*로 분류되었다는 것이다. 많은 학자가 이 둘을 호모 하이델베르겐시스로 묶어야 한다고 주장하지만 구분해야 한다는 의견도 여전히 존재한다.

사냥에 도구를 사용하다

후기 호모 에렉투스든 하이델베르겐시스든 이들은 말이나 코뿔소처럼 큰 동물들도 잡을 수 있을 만큼 사냥에 능했고, 최초로 창끝에 뾰족한 돌을 달기도 했다. 영국 복스그로브에서는 50만 년 전 규석으로 만든 무기가 관통한 것으로 추정되는 말의 어깨뼈가 발견되었다.

독일 쇠닝겐에는 놀랍게도 40만 년 전에 사용되었던 2m 길이의 나무 창 세 개가 보존되어 있었다. 이 창은 끝으로 갈수록 가늘어지는 모양으로, 쉽게 던질 수 있도록 무게중심이 머리 부분에 쏠려 있었다.

큰 짐승의 사냥은 여러 명이 긴밀하게 협력해야 하는 어려운 일이다. 그래서 학자들은 합동 사냥을 정교한 언어가 존재했다는 증거로 보기도 한다. 시마 데 로스 우에소스에서는 두 개의 설골(혀뿌리에 붙어 있는 뼈)이 발견되었다. 후두 위쪽에 위치한 설골은 혀 근육과 후두 근육이 만나는 곳으로, 분절 언어를 발음할 수 있게 해준다. 이곳에서 발견된 설골은 네안데르탈인과 호모 사피엔스의 것과 비슷했지만 그렇다고 호모 하이델베르겐시스가 분절 언어를 사용했다고 할 수는 없다.

또 다른 미스터리는 고인류들의 장례의식에 관한 것이다. 시마 데 로스 우에소스에서는 인골 화석들이 쌓인 분묘 유적이 발견되었다. 학자들은 이 유해들이 붉은 돌과 노란 돌로 만들어진 화려한 주먹도끼와 함께 발견되었다는 점으로 보아 사망한 뒤 의도적으로 시체를 구덩이에 넣은 것이라고 추측한다. 하지만 지금까지의 연구에 따르면 장례의식은 그보다 훨씬 뒤인 10만 년 전에야 시작되었다.

발견된 화석들 중에는 이마 뼈 두 군데에 골절상이 있는 두개골도 있었다. 상흔을 자세히 분석한 결과 두개골의 주인은 누군가와 싸우던 중 똑같은 무기에 두 번 가격당해 죽은 것으로 밝혀졌다. 전말이 밝혀지지 않은 인류 역사 최초의 살인 사건 피해자가 이 두개골의 주인일 수도 있는 것이다.

많은 유적지에서 식인의 흔적이 발견되었다. 그란 돌리나에서 발견된 고인류 화석은 목이 베어져 있고, 날카로운 것으로 내리친 자국이 남아 있는 뼈는 골수를 빼내기 위해 토막이 나 있었다. 들소나 사슴 같은 동물들처럼 발골된 것이다. 생존을 위해 어쩔 수 없이 동류를 먹은 것인지 식인 풍습을 가진 종족이었는지는 알 수 없다. 발견된 화석의 다수가 어린아이였던 것으로 보아 이웃 부족의 아이를 사냥감으로 생각했다는 가설이 있을 뿐이다. 식인의 흔적은 프랑스의 토타벨에서도 발견되었는데, 이곳에서는 흔하게 장기간 행해졌던 풍습으로 추정된다.

불을 사용해 음식을 익혀 먹다

불은 인간이 자연을 제어할 수 있다는 것을 보여주는 가장 오래된 상징 중 하나이다. 인류의 조상들은 불 피우는 방법을 터득하기 전에 벼락이 친 곳이나 활화산에서 얻은 불씨를 가지고 불 다루는 법을 먼저 배웠을 것이다

불 피우는 기술

불을 피우는 방법으로는 두 가지가 가장 잘 알려져 있다. 하나는 두 개의 나뭇가지를 서로 맞대고 비비는 것으로, 마찰에서 발생한 열기를 이용해 마른 풀에 불을 붙이는 방법이다. 하지만 안타깝게도 나무로 된 도구를 이용해서 불을 피운 흔적은 현재 거의 남아 있지 않다.

다른 방법은 규암으로 된 부싯돌과 황화철이 많이 함유된 돌을 세게 부딪쳐서 불꽃을 피우는 것이다. 규암끼리 마찰하는 것은 효과가 없다. 이렇게 부싯돌을 이용해서 불을 피운 것은 3만 년 전 이후 비교적 최근 흔적들에 드물게나마 남아 있다.

나무로 만든 숯에서 열을 받아 폭발한 돌에 이르기까지 인간이 불을 사용한 흔적은 굉장히 많다. 그렇지만 자연 발화와 인위적 발화를 구분하기란 쉽지 않다. 더 어려운 것은 불을 피운 것이 인간이라는 점을 입증하는 일이다.

남아프리카 공화국의 원더베르크 동굴에서는 굉장히 오래전인 100만 년 전에 불을 사용한 흔적이 타버린 뼈와 함께 발견되었다. 자연발화한 곳에서 불씨를 옮겨 와 고기를 구워먹었던 것으로 추정된다. 인류가 음식을 익혀 먹은 역사는 화덕을 만들기 훨씬 전으로 거슬러 올라간다는 주장도 있지만, 이 시기에 인간이 정말 불을 사용했다고 장담할 근거는 아무것도 없다.

« 울라므르들은 끔찍한 밤중에 달아났다. 고통과 피로에 제정신이 아니었고, 참혹한 재앙 앞에 모든 것이 의미 없이 느껴졌다. 불이 꺼진 것이다. »

J. H. 로즈니 에네[1], 1911

모든 학자가 동의하는 가장 오래된 화덕은 40만 년 전의 것으로, 프랑스 브르타뉴 지방의 므네드르강과 중국의 저우커우뎬 등에서 발견되었다. 화덕에는 검게 탄 돌들이 둥그렇게 놓여 있고, 숯과 재뿐 아니라 동물 뼈나 석기 같은 인간의 흔적도 함께 발견되었다.

불은 수많은 용도로 사용될 수 있다. 포식동물을 쫓아내고, 주위를 따뜻하게 해주며, 야외나 실내 거처를 밝게 비출 수도 있다. 불을 이용하면 창도 더 단단하게 만들 수 있고, 특정한 암석의 모양을 쉽게 다듬을 수도 있다. 또한 음식을 익힐 수도 있고, 생선이나 고기를 더 오래 보관할 수도 있다. 고위도 지역에 사는 사람들은 겨울이나 해가 진 뒤에도 불빛 덕분에 서로 교류할 수 있는 시간이 늘어났다는 점에서 불은 인간의 사회화에도 기여했다.

음식을 불에 익히면 먹음직스러운 냄새가 나며, 날것으로는 먹지 못하는 것들도 익히면 훌륭한 음식이 된다. 상한 음식물을 먹거나 유해한 미생물균에 감염되어 식중독에 걸릴 위험도 줄어든다. 또

1 선사시대를 배경으로 한 소설 『불의 전쟁』의 작가

한 덩이줄기식물과 뿌리를 익히면 씹기도 편하고 소화도 잘된다. 영양분을 효율적으로 흡수해 더 많은 에너지를 얻을 수 있기 때문에 먹을 것을 찾는 데 쏟는 시간을 절약할 수도 있다. 음식을 익혀 먹은 것이 호모속의 뇌가 커지고 치아가 작아진 이유일 수도 있는 것이다.

5장

또 다른 인류

인류의 조상은 같은 뿌리에서 갈라져나왔지만 다른 가지로 진화한 다른 호모속들과 교류하기도 했다. 서로 동류임을 알아보고 교배하기도 했지만, 함께 모여 하나의 공동체를 이루어 살기에는 다른 점이 너무 많았다. 이 '또 다른 인류'는 인간의 역사에서 굉장히 흥미로운 존재이다. 우리가 현재 모습과 다르게 진화했을 수도 있음을 보여주기 때문이다. 인류의 조상과 달리 네안데르탈인은 4만 년 전 지구상에서 사라졌다. 그리고 이들의 멸종은 그들의 존재만큼이나 많은 이의 호기심을 자극한다.

유럽 인류 네안데르탈인

네안데르탈인은 '또 다른 인류' 중 가장 잘 알려져 있으며, 우리와

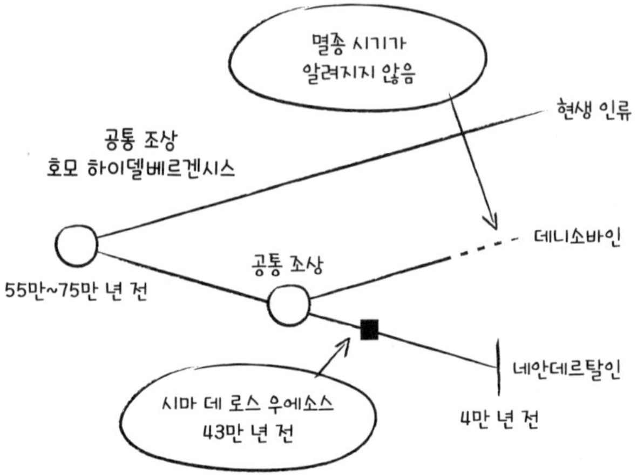

스페인의 시마 데 로스 우에소스 유적지에서 발견된 뼈 화석의 DNA에 따르면
현생 인류와 네안데르탈인, 데니소바인은 뿌리가 같았다.

도 가장 밀접하게 관련되어 있다. 선사학자들은 150년 전부터 네안데르탈인과 현생 인류의 공통점과 차이점에 대해 열띤 토론을 벌였고, 대중은 가까우면서도 먼 이 화석에 뜨거운 관심을 보였다.

오랫동안 인류의 조상으로 여겨졌던 네안데르탈인은 인류의 가까운 친척종으로 분류되었다가, 호모 사피엔스의 단순한 아종(종의 아래 단계)으로 규정되었다. 그 후 현생 인류와 완전히 구별되는 새로운 호모속으로 분류되어 호모 네안데르탈렌시스라고 불렸다. 1997년 분자생물학계에서는 네안데르탈인이 호모 사피엔스와 별개의 종이라고 발표했지만, 이후 두 종이 교배한 흔적이 발견되었다.

시마 데 로스 우에소스 유적지에서 발견된 화석 인류의 DNA를

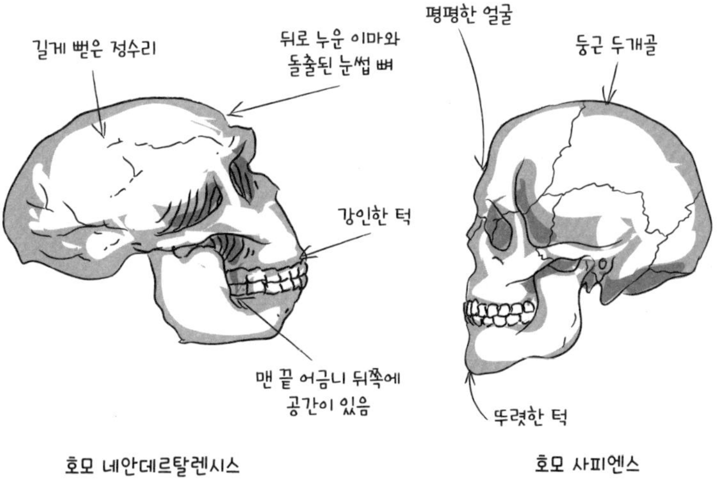

호모 네안데르탈렌시스와 호모 사피엔스의 두개골 비교

분석한 결과, 호모 사피엔스와 네안데르탈인의 공통 조상은 55만~76만 5,000년 전 아프리카 어딘가에 살았던 호모 하이델베르겐시스로 밝혀졌다(142쪽 '선사인의 DNA' 참조). 이 호모속은 조상인 호모 에렉투스보다 덩치가 더 크고 조금 더 인간적인 특징을 보였지만 근본적으로는 크게 다르지 않았다. 유럽에 진출한 이들의 후손 중 일부가 진화해 네안데르탈인이 된 것이다.

다른 화석 인류와 마찬가지로 네안데르탈인도 진화를 통해 모습이 변화했다. 그래서 40만 년 전에 살았던 프레네안데르탈인은 10만 년 전에 살았던 네안데르탈인과 엄연한 차이를 보인다. 물론 변화하기 전에 이미 고유한 특징들을 지니고 있었지만 말이다. 이 장에서는 호모 사피엔스와의 차이점을 명확하게 보여주기 위해 '고전적 네안데르탈인', 즉 19세기에 발견된 선사시대 초기 인류에 속하는 화석에 대해 다룰 것이다.

네안데르탈인은 같은 시기에 살던 호모 사피엔스(남자 170cm, 여자 160cm)보다 키가 조금 더 작았지만, 골격이 두툼하고 근육이 발달해 덩치가 더 우람했다. 두개골은 더 컸지만 길이가 짧고 머리꼭지가 납작했다. 평균 두뇌 용량은 1,500cm^3로, 현생 인류보다 더 컸다. 돌출된 턱과 앞으로 튀어나온 얼굴 탓에 두개골에서 얼굴이 차지하는 부분이 굉장히 컸으며, 코는 옆으로 퍼지고 광대는 평평했다. 누운 형태의 이마와 안쪽으로 들어간 턱은 호모 사피엔스와 가장 구별되는 특징이다.

네안데르탈인의 문화

초창기 네안데르탈인은 아슐리안 석기문화에 속하는 주먹도끼를 주로 만들었다. 그러다가 30만 년 전에 이르러 원래 제작 방법을 그대로 고수하며 '르발루아 기법'이라는 새로운 기술을 습득했다. 르발루아라는 이름은 이러한 방식으로 제작된 석기가 발굴된 파리 근교의 르발루아페레 채석장에서 따온 것이다. 이 기법은 재료가 되는 돌덩이(몸돌)를 여러 번 가격해 파편을 분리하는 예비 제작 과

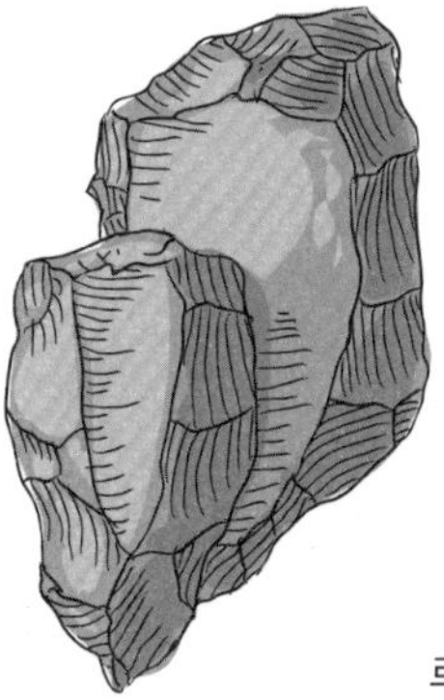

르발루아식 석기

정을 거친 뒤, 처음에 구상한 모양에 따라 석기를 다듬는 방식을 따랐다.

이러한 방식으로 석기를 제작하려면 재료의 특성에 대해 잘 알아야 할 뿐 아니라 어느 정도 숙련된 손기술이 필요하다. 르발루아 기법이 발달해 몸돌을 기반으로 만들어진 도구가 늘어났다. 이와 함께 만들어진 찌르개와 격지는 무스티에 문화라는 새로운 석기문화에 속하며, 이는 연대상으로 4만~30만 년 전의 **중기 구석기시대**에 해당한다.

무스티에 문화에는 네안데르탈인이 유럽에서 만든 석기뿐 아니라 아프리카에서 초기 호모 사피엔스가 제작한 도구도 포함된다. 현재로서는 누가 이 석기 제작 기법을 발명했는지 알 수 없다. 두 인류 종이 각각 개발한 것일까, 아니면 교류를 통해 새로운 문화가 전달된 것일까? 2018년 인도에서 38만 5,000년 전의 것으로 추정되는 르발

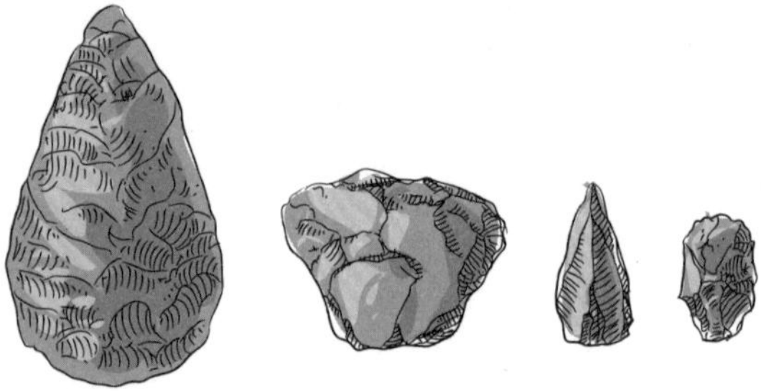

무스티에 문화의 석기들

루아식 석기가 발견되며 이 질문에 대한 답은 더욱 미궁에 빠졌다.

네안데르탈인은 석기의 재료로 사용되는 규석의 특성을 인식하고 있었다. 일반적으로 거주지에서 약 5km 이내의 가까운 곳에 있는 암석을 사용했지만, 완성한 석기는 50km 이상 떨어진 먼 장소까지 가지고 갔다. 이들은 대부분 바위그늘을 거처로 삼았다. 외부에 움막을 만들었을 수도 있지만 견고하지 못해서인지 흔적이 남지 않았다. 거의 집집마다 있었던 화덕은 오랜 기간 사용되었다.

네안데르탈인은 자작나무 껍질로 만든 접착제를 이용해 창에 돌찌르개를 부착했다. 접착제는 정해진 순서에 따라 나무껍질을 낮은 온도에서 천천히 달구어 만든 것이었다.

순록과 말뿐 아니라 오록스(현재 가축용 소의 조상), 코뿔소 등 위험한 짐승도 사냥했기 때문인지 네안데르탈인의 뼈에서는 로데오를 하는 카우보이에게서 볼 법한 골절상들이 관찰된다. 북쪽 지역에 사는 이들은 늑대와 비슷한 생태적 지위를 차지해 동물성 음식의 섭취가 잦았다.

남쪽에서는 식물, 버섯과 새, 거북, 생선 등의 작은 동물을 먹었다. 빙하기가 끝남에 따라 해수면이 높아져 이들이 살았던 연안의 서식지는 현재 대부분 바다 밑에 잠겨 있다. 하지만 스페인 남부에 있는 동굴의 퇴적층 덕분에 이들이 주로 무엇을 먹었는지 알게 되었다. 이들은 불을 이용해 음식을 익혔지만 늘 어디에서나 그렇게 먹은 것은 아니었다. 그래서 고인류학자들은 특정한 장소나 시기에 화덕이 발견되지 않은 것으로 보아 이들이 불 피우는 방법을 몰랐다고 추측하기도 한다. 하지만 수목이 거의 없는 초원과 같은 장소에서 불씨를 유지하기가 어려웠기 때문일 수도 있다.

네안데르탈인은 아릴 하이드로카본 수용체AhR에 관여하는 유전자 변이체가 호모 사피엔스와 다르다. 이 단백질은 탄 고기에서 형성되는 발암물질인 다환방향족 탄화수소의 영향을 감소시키는 역할을 한다. 호모 사피엔스는 진화 과정에서 이 유전자를 중시했지만 네안데르탈인은 그렇지 않았던 것 같다.

프랑스 아르데슈의 물라게르시 유적지에서 발견된 흔적에 따르면 네안데르탈인은 그 이전과 이후의 인류가 그랬듯이 인육을 자주 섭취했던 것으로 보인다.

치석이 알려주는 것들

뼈의 일부분은 단백질인 콜라겐으로 되어 있다. 콜라겐 속에는 다양한 형태의 질소 원자(N, 비방사성동위원소)가 존재하는데, N14가 다량으로 있는 것에 비해 N15의 양은 극히 적다. 이 두 동위원소의 비율은 사망하기 전 10년 동안 먹은 음식물에 따라 달라진다. 식물은 N15를 적게 보유하고 있지만, 초식동물은 조금 더 많은 양을, 육식동물은 그보다 훨씬 더 많은 양을 가지고 있다. 동위원소 측정 기술을 이용하면 이 비율을 알 수 있다. 매우 오래전에 생존했던 뼈 화석에도 약간의 콜라겐이 남아 있어 N14와 N15의 비율을 측정할 수 있다. N15가 많다는 것은 주로 육식을 했다는 의미이다.

점점 각광받고 있는 또 다른 화학 기술은 고대 DNA를 찾아서 염기서열을 분석하는 것이다. 뼛속이 아니라 치석이나 동굴 바닥에 남아 있는 DNA가 분석 대상이다. 치석은 그 주인이 생전에 먹은 것에 대한 정보를 제공하며, 동굴에 있는 DNA는 뼈 화석이 존재하지 않아도 누가 머물렀고 무엇을 먹었는지 알려준다. 이에 따라 고인류 외에도 동굴에서 자주 시간을 보냈던 하이에나와 곰을 비롯해 매머드, 코뿔소, 순록, 말 등 여러 동물의 흔적이 발견되었다. 네안데르탈인의 자취를 찾는 것도 가능했지만, 안타깝게도 이들은 아무런 흔적을 남기지 않았다.

이외에도 미지의 뼛조각에서 고대 단백질을 분석하는 방법이 있다. 이를 통해 뼈 화석이 어떤 종에 속하는지 알 수 있고, 호미닌의 경우에는 다른 곳에서 발견된 화석 인류 계보와의 유전적 밀접성을 확인할 수 있다.

네안데르탈인의 예술 활동

네안데르탈인의 석기공작 기술은 수십만 년 동안 제자리에 머물러 있었다. 그러다 4만 5,000년 전, 초기 호모 사피엔스가 유럽에 도착한 것과 비슷한 시기에 새로운 문화가 등장한다. 이는 네안데르탈인이 사피엔스의 기술을 모방한 문화 접변의 결과일 수도 있고, 네안데르탈인 스스로 기술을 발전시킨 것일 수도 있다. 선사학자들은 이를 두고 팽팽한 의견 대립을 보이고 있다.

이 문제는 네안데르탈인의 능력 범위에 대한 더 큰 논쟁으로 이어진다. 네안데르탈인은 오랫동안 호모 사피엔스와 굉장히 다른 종으로 여겨졌다. 사피엔스보다 더 큰 뇌를 가지고 있음에도 불구하고, 새로운 것을 창조할 수 없고 예술 능력이 전무하다는 의견이 지배적이었다. 그러나 최근 발견된 화석을 통해 우리의 친척 인류에 대한 부정적 시선이 잘못되었다는 주장이 대두했다.

이탈리아의 네안데르탈인 유적지에서는 깃털이 뽑힌 새들의 뼈가 발견되었다. 이 새들은 육질이 질기고 살에서 고약한 냄새가 나는 독수리와 수염수리인 것으로 밝혀졌다. 네안데르탈인의 입

맛이 어땠는지는 알 수 없지만, 장식을 위해 깃털을 뽑았을 가능성이 크다.

네안데르탈인은 붉은 황토를 이용해서 몸이나 동굴 벽에 그림을 그렸던 것으로 보인다. 2018년 스페인에서 발견된 동굴 벽화는 6만 5,000년 전 네안데르탈인의 작품임이 확실시되었다. 호모 사피엔스는 그로부터 2만 년 뒤에야 유럽에 도착하기 때문이다. 벽화에는 동물과 기하학적 기호가 손자국과 함께 남아 있었다.

모든 학자가 벽화 시기에 동의하는 것은 아니지만, 이 벽화로 인해 네안데르탈인의 흔적이라는 것이 확실해진 유적지가 있다. 2017년 프랑스의 브뤼니켈 동굴에서 발견된 석순으로 된 원형 구조물은 약 17만 5,000년 전에 만들어진 것으로 추정되는데, 그 당시 유럽에 거주한 인류는 네안데르탈인이 유일했다. 어떤 목적이었는지는 알 수 없지만, 이 구조물을 축조하는 과정에서 나무와 뼈에 불을 지핀 흔적이 발견되었다.

네안데르탈인이 망자의 육체를 안전한 곳에 보관했다는 것은 많은 장례의식의 흔적을 통해 알 수 있다. 하지만 호모 사피엔스와 달리 시신을 매장할 때 다른 물건을 넣지 않았기 때문에 어떤 의식을 치렀는지는 전혀 알려진 것이 없다.

빙하기에 살아남은 자들

선사학의 발상지가 서유럽이라는 역사적 이유 때문에 네안데르탈인 유적지 대부분은 서유럽 지역에 있다. 하지만 서유럽은 시베리아 끝까지 펼쳐진 네안데르탈인 거주지의 5분의 1에 해당할 뿐이다. 네안데르탈인은 빙하기와 온난한 기후가 번갈아 나타났던 수십만 년 동안 유럽과 중앙아시아에서 살았다. 영국 템스강에서는 하마를, 시베리아에서는 털코뿔소를 사냥했다. 한 세대가 끝나기 전에 기후가 바뀔 정도로 기후 변화 주기가 짧은 경우도 종종 있었다.

네안데르탈인은 혹독한 추위를 피해 이곳저곳 흩어져 살았고 인구도 크게 감소했다. 유럽 전역을 통틀어 6,000명이 채 되지 않았을 것이라는 연구 결과도 있다. 이에 따라 집단 간 교류가 적어졌고, 문화가 발전할 기회도 줄어들었다. 시베리아에서 발견된 한 네안데르탈인 여성의 DNA **염기서열**을 분석한 결과, 부모가 서로 친척 관계인 것으로 나타났다. 한쪽 부모가 같은 남매거나 삼촌과 조카 관계였던 것이다. 이러한 근친상간은 이 네안데르탈인의 조상에게서 흔한 일이었다. 기후 환경과 고립된 삶이 이들 역사의 두 축을 이루고 있었던 것이다.

네안데르탈인의 해부학적, 생리학적 특성은 고립된 삶과 관련 있을까, 아니면 단순히 생활환경에 적응한 결과일까? 예를 들어 이들은 추운 기후에 적응해 체구가 듀중해졌고 팔다리는 짧아졌다. 이러한 신체 형태가 열의 손실을 막아주었기 때문이다. 환경에 적응한 흔적은 DNA에서도 발견되었다(142쪽 '선사인의 DNA' 참조). 멜라닌(흑갈색 색소)에 관여하는 유전자인 MRC1에 돌연변이가 발생해 멜라닌 생성이 억제되었던 것이다. 이에 따라 아프리카에 살았던 먼 조상들보다 피부와 머리 색이 더 밝았던 것으로 짐작된다. 일조량이 극도로 적은 곳에 살다보니 피부암에 걸릴 위험보다는 비타민 D 결핍이 생길 확률이 더 높았다. 비타민 D 생성에 필수적인 자외선을 효과적으로 흡수하기 위해 피부 속 멜라닌이 줄어든 것이다.

데니소바인

앞서 설명한 것처럼 60만 년 전 유럽으로 이주한 호모 하이델베르겐시스는 네안데르탈인의 조상이다. 그런데 시마 데 로스 우에소스에서 발견된 유골 화석의 DNA를 분석한 결과에 따르면 이들은 데니소바인의 조상이기도 했다.

2010년 처음 세상에 알려진 데니소바인은 등장 방식이 남달랐다. DNA로 존재가 밝혀졌기 때문이다. 데니소바인은 시베리아 동굴 이름에서 따왔다. 연구자들은 그 동굴에서 네안데르탈인의 **게놈** 염기서열을 분석하기 위해 뼛조각을 몇 점 채취했는데, 한 손가락뼈에서 예상하지 못한 DNA가 검출되었다. DNA는 호모 사피엔스와도 네안데르탈인과도 일치하지 않았지만, 비교하자면 네안데르탈인의 것과 더 비슷했다. 완전히 새로운 종이 발견된 것이다. 손가락뼈와 원시적 특징을 지닌 치아를 제외하면, 외형에 대해서는 어떤 흔적도 남아 있지 않았다. 4만 년 전에 이 동굴을 자주 드나들었다는 것이 알 수 있는 전부였다.

« 호미닌 집단은 예상보다 더 많고 다양하며, 강자와 약자의 구분 없이 모든 생명체에 적용되는 생물학적 법칙에 순응해 진화한 것이 오늘부로 확실해졌다. »

마르슬랭 불, 1920

데니소바인은 43만 년 전 네안데르탈인으로부터 계보가 분리되었다. DNA 정보에 따르면 개체 수가 더 많았고 서남아시아까지 진출하는 등 굉장히 넓은 지역에 분포했다. 이들의 DNA에는 친척인 네안데르탈인과 사피엔스에게서는 볼 수 없는 특성이 포함되어 있는데, 오래전에 아프리카를 떠나온 옛 호모 에렉투스와의 교배에서 유래한 것으로 추정된다. 호모 에렉투스는 우리가 생각하는 것보다 더 최근까지 아시아에 살았던 것이다.

데니소바인은 유골과 사용했던 도구가 전혀 발견되지 않았기 때문에 겉모습과 석기문화에 대해 알려진 정보가 거의 없다. 어떤 고인류학자들은 정체가 밝혀지지 않은 몇몇 화석을 데니소바인으로 보아야 한다고 주장하기도 했다. 중국 랴오닝성의 진뉴산에서 발견된 20만~28만 년 전에 생존했던 여성의 뼈 화석과, 1982년 인도 나르마다에서 발견된 24만 년 전의 머리덮개뼈가 데니소바인이라는 것이다. 머리덮개뼈 화석은 진화한 호모 에렉투스, 고대 호모 사피엔스로 분류되었다가 이후 호모 하이델베르겐시스로 편입되었다. 그러나 주장은 어디까지나 가설일 뿐, 데니소바인을 둘러싼 미스터리는 여전히 풀리지 않고 있다.

플로레스섬의 호빗

2003년 오스트레일리아와 인도네시아 연구 팀은 인도네시아의 플로레스섬에서 호미닌의 화석을 발견했다. 두개골은 자바섬에서 발견된 호모 에렉투스의 것과 약간 비슷했지만, 크기가 굉장히 작았다. 뇌 용량은 380cm^3밖에 되지 않고, 키는 1m에 불과했으며, 몸에 비해 발이 컸다. J. R. R. 톨킨Tolkien의 소설 『반지의 제왕』에 나오는 호빗족을 연상시키는 겉모습 탓에 호빗이라는 별칭이 붙었다.

호모 플로레시엔시스*Homo floresiensis*, 플로레스인이라고 불리는 이 화석 인류는 5만 년 전에 생존했던 것으로 추정된다. 키는 작지만 석기를 만들 줄 알았기 때문에 오스트랄로피테쿠스라고 보긴 어려웠다. 일부 고인류학자는 이들이 아시아에 이주한 초기 호모 에렉투스인데, 고립된 환경에서 살다보니 키가 작은 형태로 진화한 것이라고 주장한다. 반대로 이들이 호모 하빌리스와 유사하며 훨씬 오래전부터 아시아에 정착해 살았다고 보는 학자들도 있다. 2016년에는 이보다 더 작은 턱뼈 화석이 발견되었는데, 70만 년 전에 생존했던 이 화석은 호모 에렉투스와 친척 관계인 것으로 추정된다.

섬에 사는 많은 동물은 시간이 지날수록 몸집이 작아지는데, 생물학자들은 이 현상을 '섬 왜소증'이라고 부른다. 초식동물의 체구가 작아지는 이유는 육지에 비해 자원이 부족한 섬에서 먹이를 더 쉽게 찾기 위해서이다. 플로레스섬에 살았던 스테고돈(지금은 멸종한 원시 코끼리)은 어깨까지의 길이가 1.8m지만, 근처 육지에 사는 개체는 4m에 달했다. 호모 플로레시엔시스가 작아진 것도 아마 비슷한 이유였을 것이다.

또 다른 인류의 멸종

5만 년 전 지구상에는 네안데르탈인, 데니소바인, 플로레스인, 호모 사피엔스, 그 외 살아남은 고인류 등 수많은 인류종이 공존했다. 하지만 현재 남아 있는 것은 우리뿐이고, 다른 종은 모두 자취를 감추었다. 이러한 대규모 멸종이 일어난 이유는 무엇일까? 기후가 변화해서일까? 아니면 사피엔스에게 침략당해서일까? 네안데르탈인은 멸종 이유에 대한 가설을 세울 수 있는 유일한 종이다. 나머지 종은 알려진 정보가 너무 단편적이어서 가설을 세우기에 충분하지 않다. 데니소바인은 현생 인류의 유전자에 DNA의 흔적을 남겼지만, 사피엔스가 이주한 뒤 아시아에서 사라졌다는 것 외에는 어떤 정보도 존재하지 않는다.

유럽에서 수십만 년 동안 살았던 네안데르탈인은 초기 사피엔스가 이주해오기 전까지 각각 네 번의 빙하기와 간빙기를 겪었다. 추위가 너무 혹독하고 건조한 시기에는 간혹 살던 지역을 떠나기도 했지만 대체로 서식 환경에 잘 적응했다. 그러나 개체 수가 적은 데다 광활한 지역에 작은 군집을 이루어 살다보니 근친결합이 늘어났고, 새로운 상황에 대응하는 능력을 기를 수 없었다. 특히 다른 인류종이 자신들의 서식지에 자리 잡았을 때 그러했다.

네안데르탈인들은 4만 년 전 혹은 그 후 지구상에서 사라졌다. 여전히 주인이 밝혀지지 않은 유적지들이 있기 때문에 정확한 시기는 알 수 없다. 물론 이들이 모든 곳에서 같은 시기에 멸종한 것은 아니다. 마지막 흔적이 보이는 스페인 남부에서는 수천 년간 더 살았다는 주장도 있지만, 전문가들 사이에서도 의견이 분분하다. 멸종 시기가 어떻든 네안데르탈인과 사피엔스가 수천 년 동안 유럽에서 함께 살았다는 것은 거의 확실하다.

학자들은 네안데르탈인의 멸종에 영향을 끼쳤을 법한 모든 사건에 대해 가설을 세워보았다. 대규모 화산 폭발 때문에 기후가 급격히 변화했을 수도 있다. 3만 9,000년 전 이탈리아에서 발생한 화산 폭발은 화산재가 러시아까지 날아갈 정도로 규모가 어마어마했지만 사피엔스가 그전에 유럽에 도착했기 때문에 이 가설은 신빙성이 떨어진다. 사피엔스가 네안데르탈인에게 면역력이 없는 전염병을 옮겼을 수도 있다. 그러나 네안데르탈인이 소규모로 흩어져 살았다는 것을 고려하면 병이 전파되기는 쉽지 않았을 것이다. 사피엔스가 네안데르탈인을 말살했을 수도 있다. 현생 인류의 특성을 생각하면 그럴듯한 가설이지만 네안데르탈인의 뼈에서 직접적인 공격 흔적이 발견된 적은 거의 없었다. 게다가 이 가설이 사실이라면 네안데르탈인은 이렇게 오랜 시간 살아남지 못했을 것이다.

네안데르탈인과 사피엔스는 경쟁구도에 있었다. 사냥하는 동물도 같았고, 바위 밑과 같은 은신처에서 지낸 것도 같아 직접적인 충돌이 없었더라도 이러한 상황이 오래 지속되지는 못했을 것이다. 이런 경우 둘 중 하나는 반드시 밀려나는 것이 섭리이다. 하지만 네안데르탈인들은 아득한 옛날부터 서식 환경에 적응해온 강점을 가졌다는 주장이 있는가 하면, 사피엔스는 환경 변화에 적응하는 능력이 더 뛰어났다는 주장도 있다. 사피엔스가 평소에는 커다란 동물을 사냥해서 먹었으나 여의치 않을 경우에는 작은 동물을 먹거나 낚시를 했을 것이라는 주장도 있지만, 네안데르탈인의 식습관도 이와 크게 다르지 않은 것으로 밝혀졌다.

네안데르탈인은 출산율이 낮아 경쟁에서 밀렸을 수도 있고, 더

불어 사망률도 더 높아 두 종의 격차가 더욱 벌어졌을 수도 있다. 또한 어른들이 목숨을 잃는 일이 빈번해 조부모가 아이들을 기르는 경우가 흔했을 수도 있다. 하지만 이런 경우 아이들의 생존이 더 큰 위험에 노출될 뿐 아니라 살아남는다 하더라도 배움에 제약이 있을 수밖에 없으므로 '할머니 가설'은 근거가 충분하지 못하다.

앞서 말한 모든 가설은 개별적으로는 충분한 위력을 가지지 않지만, 복합적으로 작용해 이미 개체 수가 적은 네안데르탈인의 세력을 약화시켰을 수도 있다. 인구통계적인 문제가 지속되고 큰 피해를 일으키는 사건이 연이어 발생하다보니 큰 대립이 없던 두 종 간에 경쟁이 심화된 것은 아닐까.

6장

초기 사피엔스

네안데르탈인과 데니소바인, 호모 에렉투스의 자손이 유라시아와 아프리카를 거니는 동안 인류의 조상은 계속 진화했다. 초기 사피엔스가 등장한 것은 분명 이때로 보인다. 이러한 인류의 역사를 뒷받침하는 화석과 유전적 증거는 넘쳐나지만, 학자들은 주장을 펴기도 전에 과학적 근거보다는 철학적, 정치적인 이유에서 반대에 부딪혔다.

사피엔스의 등장

초기 사피엔스는 30만 년 전 아프리카에서 처음 등장한 것으로 보인다. 2017년 장자크 위블랭Jean-Jacques Hublin과 압델루아헤드 벤 은서Abdelouahed ben-Ncer 연구 팀은 모로코의 제벨 이르후드 유적지에서 30만 년 전에 생존했던 사피엔스의 두개골 화석을 발견했다. 대부분 화석이 그렇듯 이 두개골도 원시형질과 파생형질을 동시에 지니고 있었다. 치아는 작고, 턱과 광대는 현대적인 형태였으며, 얼굴은 꽤 평평했다. 치아가 성장한 흔적을 관찰한 결과 우리와 비슷한 속도로 자랐다는 것을 알 수 있었다.

화석의 두뇌 용량은 각각 1,300cm^{3}와 1,400cm^{3}로 현생 인류의 평균 두뇌 용량인 1,350cm^{3}와 비슷했다. 두개골은 원시 인류처럼 뒤로 길쭉한 모양이고, 전체적인 뼈대가 두꺼웠다. 눈썹 뼈는 돌출해 있고, 호모 하이델베르겐시스처럼 얼굴 앞면이 넓었다. 통계학적 분석에 따르면 이러한 외형은 호모 사피엔스의 다양성 범위 내에 포함되는 것이어서 이 화석은 현존하는 가장 오래된 호모 사피엔스의 화석으로 인정되었다.

3차원 복원

마이크로토모그래피 기술(71쪽 '싱크로트론이 밝혀낸 것들' 참조)을 이용하면 사물의 표면이나 내부 구조의 3차원 이미지를 생성할 수 있다. 화석을 암석에서 분리해내는 작업은 종종 화석을 손상시키는데, 그런 위험을 감수할 필요 없이 가상으로 이미지를 복원하는 것이 가능하다.

귓속뼈처럼 신체 내부에 숨어 있는 기관도 관찰할 수 있다. 퇴적층이 가한 압력 때문에 화석 표본이 변형된 경우에는 계산을 통해 원래 이미지를 구현할 수 있다. 또한 스캔을 하면 3D 프린트를 이용해 복제도 가능하다.

두개골 화석을 디지털화하는 것은 많은 장점이 있다. 우선 해부학적 측정을 굉장히 손쉽게 할 수 있으며, 통계 도구를 이용해 각각의 두개골을 비교하면 보다 객관적인 결과를 얻을 수 있다. 또한 성장 과정의 외형 변화를 계량화할 수도 있고, 외삽법[2]을 이용해 아이의 두개골로부터 어른의 두개골에 대한 가상 3D 이미지를 얻을 수 있다. 새로운 기술 도구의 등장으로 더 늘어난 정보를 처리하기 위해 디지털 도구가 개발된 것이다. **DNA 염기서열 분석** 기술도 같은 과정에서 탄생했다.

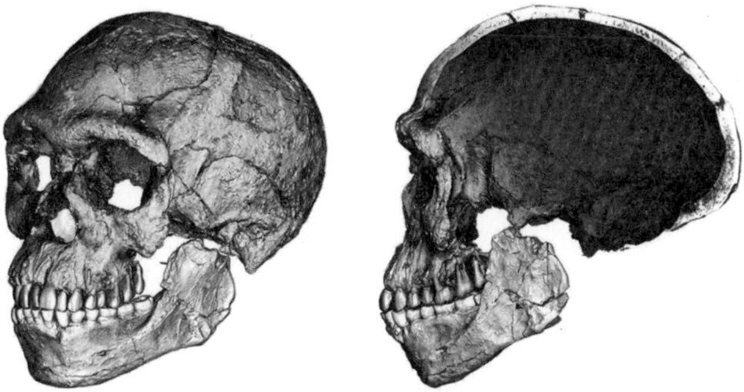

제벨 이르후드 유적지에서 발견된 화석을 스캔해서 복원한
고대 호모 사피엔스 두개골의 3차원 이미지

2 과거의 흐름이 미래에도 적용될 것이라는 전제하에 미래 상황을 예측하는 기법.

« 우리가 인간이 된 것은 순전히 아이들 때문이다. »

장자크 위블랭, 2017

이 두개골 화석이 발견되기 전에는 호모 사피엔스가 이보다 조금 뒤에 등장했다는 것이 일반적인 견해였다. 비슷한 특징을 지닌 화석이 남아프리카 공화국의 플로리스바드(26만 년 전), 에티오피아의 오모 키비시(19만 5,000년 전)와 헤르토(16만 년 전)에서 발굴되어 호모 사피엔스의 발원지가 동아프리카라는 증거로 여겨졌지만, 이 주장을 뒤집는 제벨 이르후드의 화석이 발견되었다. 화석 발굴은 드문 일이기 때문에 새로운 종의 출현과 같은 사건이 언제 어디에서 발생했는지 정확히 알아내기란 쉽지 않다(62쪽 '인류의 요람은 동아프리카?' 참조).

비슷한 역사를 가진 네안데르탈인과 사피엔스를 비교해보자. 두 인류종은 진화를 하며 두개골이 커졌고, 둘 다 조상들보다 더 복잡한 형태의 문화를 발전시켰다. 그렇다면 사피엔스는 해부학적 차이 외에 어떤 점에서 네안데르탈인과 달랐을까?

진화하는 동안 신체의 전체적인 질량이 증가했다는 점을 감안하면, 두뇌의 크기가 실제로 증가한 것은 50만 년 전부터이다. 네안데르탈인과 사피엔스 모두 뇌 용량이 증가했지만 둘의 DNA를 비교해 본 결과 신경계의 발달과 기능 등 중요한 부분에서 차이가 있었다. 사피엔스에게서 돌연변이가 관찰된 것이다. 그중 일부는 대다수의 현생 인류에게 남아 있다. 이는 돌연변이가 강력한 **양성 선택**의 대상이 된 형질이라는 것을 보여준다.

그중에는 태아의 대뇌피질 발달에 영향을 주는 것도 있고, 신경 세포 연결이나 신경 임펄스 전달에 관여하는 유전자와 관련된 것도 있었다. 말과 언어 학습에 작용하는 유전자 FOXP2에서도 차이가 나타났다. 네안데르탈인과 사피엔스가 지닌 FOXP2는 같은 종류로, 그들 **영장류** 조상에게서 변형된 것이었다. 하지만 사피엔스에게만 FOXP2의 발현을 억제하는 새로운 돌연변이가 발생한다. 이 돌연변이 덕분에 우리가 언어를 구사하는 것일 수도 있다.

인류의 진화에서 중요한 사건 중 하나는 배 속 태아와 아이의 성장 기간이 길어진 것이다. 고인류학자들은 이러한 변화를 **유형성숙**의 한 형태로 보기도 한다. 유형성숙은 많은 종의 진화에서 흔히 나타나는데, 외형은 아직 어리지만 성적으로는 성숙한 상태에 이르는 현상을 일컫는다.

인류가 이 경우에 완전히 해당하는 것은 아니지만, 인간은 미성숙한 상태에서 태어나고 오랜 기간 성장한다. 그 덕분에 학습능력이 크게 증가했다. 이는 인류의 역사에 엄청난 결과를 가져왔다. 인간에게서도 관찰되는 유형성숙 현상은 바로 나이가 들어도 끊임없이 호기심이 샘솟고, 놀이를 즐거워하는 등 어린아이의 특성을 간직하고 있는 점이다.

현대적 특징을 지닌 사피엔스

그 후 아프리카의 사피엔스는 조금씩 현생 인류와 비슷한 특징을 띠었다. 골격이 얇아졌으며, 두개골은 둥글어지고 크기도 약간 줄어들었다. 얼굴도 작아지고 더 평평해졌다. 턱뼈가 전체적으로 축소되고 얼굴이 갸름해지면서 턱 끝이 뚜렷해졌다. 물론 이 모든 변화가 동시에 일어난 것은 아니다. 얼굴이 현대적인 형태를 갖추고 한참 뒤에야 두개골이 현재의 모습에 이르렀다.

현생 인류인 호모 사피엔스의 등장에 대한 자세한 내막은 알 수 없지만, 사피엔스가 이전에 살았던 조상 인류와 어떤 점에서 달랐고, 왜 이들이 완전히 새로운 종으로 분류되는지 알 수 있지 않을까? 이 질문에 대한 답을 찾는 것이 그렇게 어렵지 않아 보일 수도 있다. 이들의 뼈 화석에서 현생 인류만이 가진 특징이 나타나는지 여부만 분석하면 되기 때문이다.

하지만 생각만큼 간단치 않다. 현생 인류가 '현대적'인 특징을 가지고 있다지만 원시형질이 모두 사라진 것은 아니기 때문이다. 눈 부분이 움푹 들어가 있고 그 밑의 광대뼈가 볼록 나와 있는 것이 그 증거인데, 오스트랄로피테쿠스도 같은 외형적 특징을 보인다. 반대로 네안데르탈인의 외형에서 광대뼈가 도드라지지 않는 것은 새로운 파생형질, 즉 '현대적' 형질이다. 초기 사피엔스의 화석은 드문 데다 다른 호미닌들처럼 조상형질과 파생형질을 동시에 갖추고 있다.

이 문제가 별것 아닌 것처럼 보일 수도 있지만 현실적인 문제와 맞닿아 있다. 고대 사피엔스의 두개골과 현생 인류의 두개골을 구별하는 기준을 세우면 현대적인 형태의 두개골 일부가 현생 인류의 범주에서 배제될 위험이 있기 때문이다. 이는 아무런 근거가 없음에도 불구하고 인류 집단의 현대성을 구분하는 척도로 이용될 수 있다. 인종을 분류하려고 했던 시도가 어떤 결과를 가져왔는지 우리는 이미 잘 알고 있다(177쪽 '인종은 존재할까?' 참조).

한 치의 모호함도 없이 호모 사피엔스를 다른 호모속과 완전히 구분할 수 있는 정의는 존재하지 않는다. DNA 분석을 통해 사피엔스가 네안데르탈인 및 데니소바인과 교배했다는 사실이 밝혀진 뒤 문제는 더욱 복잡해졌다. 어떤 고인류학자들은 인류가 교배한 종들도 인류의 범위로 보아야 한다고 주장한다. 그렇게 하면 조상과 자손의 관계이거나 서로 번식할 수 있는 집단이라는 엄격한 생물학적 종의 개념을 충족시킬 수 있기 때문이다. 이에 따르면 사피엔스와 네안데르탈인, 데니소바인뿐 아니라 그들의 공통 조상인 호모 하이델베르겐시스와 호모 에렉투스까지 한 종으로 묶어야 한다.

동물의 세계에서는 공통 조상으로부터 갈라진 지 얼마 안 된 자매종 사이의 교배가 흔한 일이다. 대부분의 경우 이종 사이의 교배에서 태어난 종은 번식력이 낮거나 생식이 불가능하기 때문에, 서로 다른 두 종의 결합은 매우 어렵거나 불가능하다. 이런 점 때문에 동물학자들은 교배가 가능한 생물도 서로 다른 종으로 분류했다. 네안데르탈인과 사피엔스도 이와 같은 맥락의 문제이다.

그뿐만 아니라 모든 호모속을 포함하는 새로운 종은 현재의 호모 사피엔스나 다른 모든 영장류에 비해 집단의 다양성 범위가 훨씬 넓다. 다양한 형태를 구분하려면 그만큼 새로운 아종들을 만들어야 하고, 이는 분류법을 단순화시키는 것과 거리가 멀다. 그래서 대부분 고인류학자는 호모 사피엔스라는 명칭을 해부학적 측면에서 현대적 특징을 지닌 인류에 한정시켜야 한다고 생각한다.

에덴의 정원

많은 연구자가 고대 호모 사피엔스와 현생 인류 사이에 불연속성이 존재한다고 생각한다. 이들은 또한 사피엔스의 인구가 급격하게 줄어든 '병목 구간'이 있었을 것이라고 생각한다. 이 기간에 인류의 종 내 다양성이 크게 감소하고 진화 경로가 바뀌었을 거라는 의견이다.

학자들은 고대 사피엔스의 화석이 현생 인류에 비해 훨씬 더 다양하다는 사실을 그 근거로 든다. 실제로 현생 인류는 종의 역사가 긴 것에 비해 유전적 다양성이 굉장히 작다. 그 이유 중 하나는 인구통계학적 측면에서 살펴볼 수 있다. 15만~20만 년 전 사피엔스의 번식 역사에 병목 구간이 나타났다. 아마 대규모 화산폭발 등으로

극한의 기후 현상이 발생했던 것으로 추정된다. 이로 인해 1만 명에 가깝던 사피엔스의 인구가 몇백 명 수준으로 급격히 줄어들었다. 일부 학자는 사피엔스가 적합한 거주지를 찾아 지중해 기후인 아프리카 남쪽 끝으로 대피했을 것이라고 추정한다.

이 가설처럼 남아프리카 공화국에서는 7만 5,000년 전에 호모 사피엔스가 살았던 장소가 발견되었다. 이 유적지가 발견된 이후 학자들은 사피엔스의 행동과 능력을 이전과 완전히 다른 시각으로 보게 되었다. 바닷가에 위치한 블롬보스 동굴에서 더 최근에 살았던 조상 인류의 생활용품이 다수 발견되었던 것이다. 동굴의 거주민들은 해양자원을 전문적으로 이용했다. 뼈나 돌로 작살을 만들어 육지에 올라온 물개를 사냥했고, 작은 조개를 주워 구멍을 뚫기도 했는데 목걸이를 만들려고 했던 것으로 보인다. 이곳에서 발견된 기하학적 문양이 새겨진 바위는 인류 역사상 가장 오래된 상징적, 미적 표현물 중 하나이다.

다른 주장은 현생 인류의 미토콘드리아 DNA(mtDNA)와 관련 있다. 전 세계에서 채취한 mtDNA를 비교한 한 연구는 1987년 인류의 유전자가 20만 년 전에 존재했던 공통된 기원으로 이어진다고 발표했다(이후 행해진 연구는 10만~17만 년 전으로 추정한다). 다시 말해 전체 인류의 조상을 찾아냈다는 것이다. 이 인류의 공통 조상에는 '미토콘드리아 이브'라고 이름 붙였다. 그 후 Y 염색체의 DNA 분석을 통해 14만 년 전에 존재했던 부계 조상의 뿌리, 아담이 발견되었다.

미토콘드리아 DNA

미토콘드리아 DNA(mtDNA)는 미토콘드리아가 가지고 있는 DNA이다. 미토콘드리아는 대부분의 세포에 존재하는 소기관으로 세포의 화학 반응에 필요한 에너지를 생성하는 데 필수적인 역할을 한다. 이 DNA의 특이점은 모계로만 유전된다는 것이다. 수정될 때 정자의 미토콘드리아는 소멸되기 때문에 엄마의 미토콘드리아만 아이에게 전달된다. 따라서 미토콘드리아 DNA를 분석하면 모계의 뿌리를 알 수 있다.

남성의 경우에는 부계로만 유전되는 Y 염색체의 DNA를 추적할 수 있다. 이를 위해서는 남성과 여성의 **하플로그룹**haplogroup(같은 DNA 유전자형을 가진 집단)을 분석해야 한다. 현생 인류나 인골 화석에 있는 미토콘드리아 DNA나 Y 염색체의 특정 부분에 대해 정확한 염기서열을 비교하는 것이다.

실제로 미토콘드리아 이브가 자신의 미토콘드리아를 현생 인류 전체에게 물려준 것은 맞지만, 그렇다고 해서 그를 모든 인류의 실제 조상이나 최초의 여성 사피엔스로 볼 수는 없다. 그 시대에 살았던 다른 여성들도 우리의 선조지만, 딸이 아닌 아들을 낳아 이들의 미토콘드리아가 인류의 족보에서 사라지게 된 것이다.

미토콘드리아 이브가 의미하는 것은 모계유전만을 통해 인류의 뿌리를 거슬러 올라갔을 때 가장 끝에 위치한 여성이라는 것이다.

그럼에도 불구하고 이러한 분석은 미토콘드리아의 다양성이 가장 큰 아프리카에서 인류의 공통 기원을 찾았다는 점에서 의미가 있다. 부계 계통의 기원이 마찬가지로 아프리카에 있다는 것을 보여준 아담의 Y 염색체도 이와 같은 맥락에서 의미 있는 발견이라고 할 수 있다.

이 가설을 '아프리카 기원설' 혹은 '에덴의 정원'이라고 하는데, 연구자들과 연구 결과를 보도한 기자들은 성경 속 단어에 확실히 영감을 받았던 것 같다. 미국 시사주간지 『뉴스위크』는 관련 내용을 보도하면서 '아담과 이브를 찾아서'라는 제목을 붙이고, 표지에 두 성경 속 인물을 아프리카인으로 그린 삽화를 넣어 일부 독자로부터 비난의 폭격을 받기도 했다.

하지만 이렇게 현생 인류의 기원을 찾기 위해 뿌리를 거슬러 올라갈 수 있다고 해도 사피엔스가 인구학적 재난을 겪었다는 사실은 확인할 수 없다.

인구의 병목현상은 어쩌면 문화적 이유에서 기인한 것일 수도 있다. 유목 생활을 선호하는 이들이 있었을 수도 있고(이들은 인류 역사의 다음 장에서 큰 역할을 한다), 남들보다 자손을 남기는 데 유리한 이들이 있었을 수도 있는 것이다.

인류의 기원에 대한 가설

현생 인류의 집단들 사이에 명백한 차이점이 존재한다는 사실에 주목한 과거 선사학자들은 인류가 다양한 기원에서 진화했다는 가설을 제기했다. '주요 인종'인 흑인과 백인, 황인의 유인원 조상이 각각 다르다는 것이다(177쪽 '인종은 존재할까?' 참조). 하지만 이런 주장은 현대의 진화 이론과 충돌한다. 같은 조상에서 갈라진 자매종들은 시간이 지남에 따라 차이점이 점점 커져 나중에는 교배가 불가능한 상태에 이른다. 살아가는 방식이 비슷해 외형이나 행동이 우연히 닮을 수는 있지만(수렴진화) 서로 교배해 다시 하나의 종으로 합쳐질 수는 없다.

만약 여러 유인원이 뇌가 크고 직립보행을 하는 각각 다른 종을 탄생시켰다면, 이들의 자손은 조상들보다 더 큰 차이점을 가지고 있어야 마땅하다. 분화가 일어나고 수백만 년이 흐르면 교배 자체가 유전적으로 불가능해지기 때문에 이들은 새로운 종으로 결합될 수도 없다. 그래서 침팬지와 오랑우탄은 서로 번식할 수 없고, 그들의 자손들도 교배가 불가능한 것이다.

'인류다원설'은 1960년대에 이르러 보다 온건한 형태로 다시 등장한다. 학자들은 100만~200만 년 전 아프리카에 등장한 고인류가 유라시아 전역으로 흩어져 번식한 결과 현재의 '주요 인종'이 탄생했다고 주장한다.

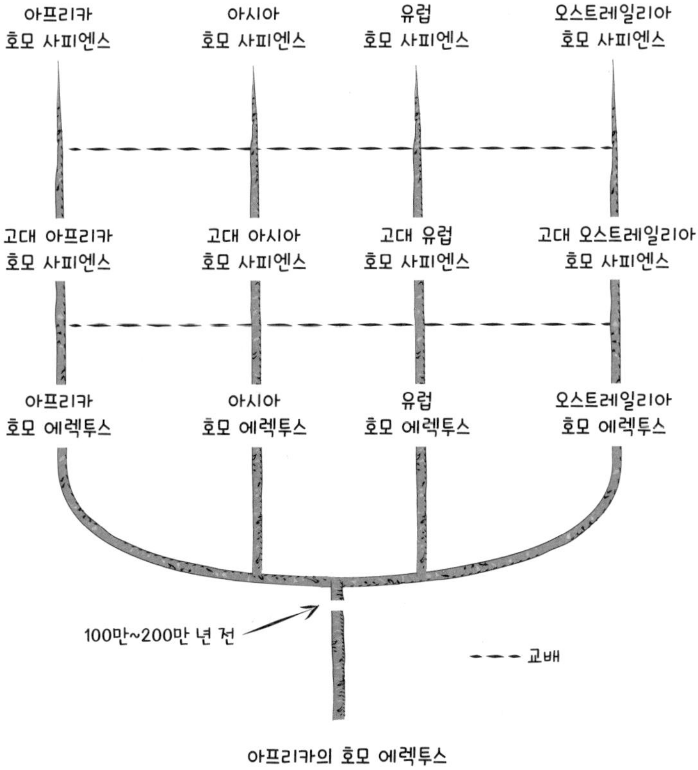

호모 사피엔스의 다지역 기원설(촛대 모델)

이 가설은 촛대 모양의 모델로 설명될 수 있다. 아프리카에서 유라시아로 건너온 사피엔스는 다른 종들과 번식했고, 이러한 이종교배가 반복되며 원시적 특징을 보이던 집단들은 조금씩 현대적인 모습을 갖춘 것으로 보인다.

이 가설을 지지한 학자는 미국인과 프랑스인도 있었지만 대부분 중국의 고인류학자였다. 이들은 태곳적부터 아시아에서 살아온 인류 집단이 존재한다고 주장했다. 나중에 아프리카에서 건너온 사피엔스의 유전자와 전혀 섞이지 않았거나, 교류하더라도 미미한 수준이었다는 것이다.

이에 따라 1981년 중국에서 발굴된 26만 년 전 생존했던 대려인의 두개골은 '중국에서 계속 진화한 계보'인 아시아 호모 에렉투스로부터 파생한 고대 호모 사피엔스로 분류되었다. 해부학적 특징을 근거로 내세웠지만, 중국을 인류의 요람으로 만들려는 정치적 의도가 숨겨진 것으로 보인다. 이와 더불어 아프리카인이 인류의 조상이라는 사실을 거부하는 인종차별주의적 사고가 영향을 끼쳤을 수도 있다.

그 반대로 인류가 '단일 유전자'에서 기원했다고 주장하는 학자들도 있다. 사피엔스가 훨씬 가까운 과거인 10만 년 전 아프리카 대륙을 떠났고, 고립되어 살았던 기간이 오래되지 않았다는 것이다. '아프리카 기원설'이라고 하는 이 가설은 화석 인류와 현생 인류의 DNA 분석 결과를 근거로 삼는다. 호모 사피엔스가 유라시아에 살았던 고인류를 대체했다고 해서 '대체설'이라고 부르기도 한다.

촛대 모델은 학계에 종종 모습을 드러내곤 한다. 2006년 인도 나르마다에서 발견된 인도 호모 에렉투스의 머리덮개 뼈는 '인도 사피엔스의 잠재적 조상'으로 발표되었다.

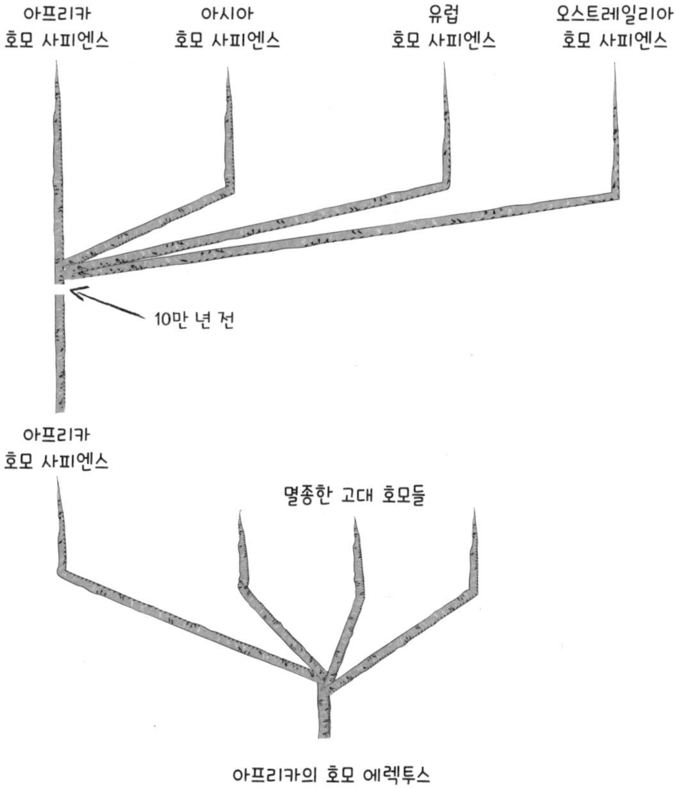

호모 사피엔스가 단일 유전자에서 기원했다는 '아프리카 기원설'

또한 몇몇 학자는 최근 인도 마솔에서 발견된 고대의 도구를 만든 이들이 아시아 유인원의 후손일 것이라는 주장을 내놓았다. 그러나 수백만 년 전에 호미닌과 갈라진 영장류과에서 호모속이 태어난다는 것은 생물학적으로 불가능해 보인다.

현대 호모 사피엔스와 아프리카를 떠난 초기 이주 집단의 후손이 교배했다는 사실이 밝혀지면서 인류다원설은 다시 주목받았다. 이들의 교배로 일부 해부학적, 유전적 특징을 설명할 수 있었지만 현생 인류에 미친 영향은 제한적이었던 것으로 보인다. 다른 종에게서 물려받은 유전자는 대부분 엄격하게 걸러졌기 때문이다.

7장

세계를 정복하다

10만 년 전 호모 사피엔스는 '현대적인 해부학적 특징'을 갖추고 있었다. 뼈대가 모든 면에서 현생 인류와 유사했다. 이 시기에 아프리카를 떠난 호모 사피엔스는 전 세계를 정복할 때까지 계속 앞으로 나아갔다. 여정 중에 먼저 길을 떠나 다른 모습으로 진화한 옛 동류를 만나기도 했다.

아프리카에서 아메리카까지

수많은 호모속의 뒤를 이어 사피엔스도 사냥 영역을 점점 넓혀 가다 아프리카 밖으로 떠났다. 이들의 흔적을 담고 있는 가장 오래된 유적지는 8만~12만 년 전으로 추정되는 이스라엘의 카프제 동굴과 스쿨 동굴이다. 어른과 아이의 뼈가 사슴뿔과 같이 발견된 것으로 보아 이 동굴들은 거주지뿐 아니라 매장의식에도 사용되었던 것으로 짐작되며, 황토로 뒤덮인 뼈도 장례의식과 관련 있는 것으로 추정된다. 이곳에서 발견된 구멍 뚫린 조개껍데기는 인류 역사상 가장 오래된 장신구 중 하나이다.

2018년 이스라엘의 미슬리야 동굴에서 발견된 위턱뼈 화석의 연대가 18만 5,000년 전으로 추정되는 것으로 보아, 사피엔스는 이미 과거에 이 지역을 거쳐 갔거나, 우리가 생각하는 것보다 더 이른 시기에 이곳에 도착했을 수도 있다. 화석의 유전자 정보에 따르면 인류는 10만~20만 년 전 수차례 아프리카 밖으로 이동했다. 6만~7만 년 전에는 더 많은 수가 아프리카를 떠났거나 더욱 성공적으로 이주한 것으로 보인다. 인류는 이때 처음으로 오스트레일리아와 아메리카 대륙 연안에 발을 디뎠다.

서아시아에 도착한 유랑민들은 동쪽으로 계속 나아갔다. 어떤 장애물도 이들의 이동을 막을 수 없었다. 물론 이 여정의 흔적은 현재 거의 남아 있지 않지만 말이다. 역사가 지속되는 내내 수많은 인류가 이 길목을 거쳐 세계로 뻗어갔다. 지브롤터 해협 등 다른 경로도 존재했지만 시간이 더 흐른 뒤에야 이용되었다. 어떤 이들은 '남쪽 길'을 택해 홍해의 가장 좁은 통로인 바브엘만데브 해협을 건너 아라비아반도로 가기도 했다. 그곳에서 페르시아만을 한 번 더 건너면 바다를 따라 인도와 동남아시아에 도달할 수 있었다. 해수면의 높이가 지금보다 낮았던 때라 인도네시아 대부분은 걸어서 이동할 수 있었다.

인류는 왜 다시 세계 탐험에 나선 것일까? 일부 선사학자는 인류의 이주가 7만 5,000년 전에 일어난 인도네시아의 토바 화산 폭발과 관련 있다고 주장한다. 엄청난 위력을 가진 이 폭발로 지구의 평균 온도가 한동안 크게 낮아졌기 때문이라는 것이다. 하지만 학자들은 가설의 연대뿐 아니라 화산 분출이 주변 환경과 사피엔스의 진화에 실제로 어떤 영향을 미쳤는지 팽팽한 의견 대립을 보인다.

인류가 이주했다는 것은 사냥을 하다 고립되어 살게 되었다거나 모든 집단 구성원이 한꺼번에 길을 떠난 것이 아니다. 보통 수십 명 정도의 작은 집단 단위로 이동했는데, 수렵채집 무리의 규모인 여섯 가족으로 이루어진 25명 정도가 함께 움직였다는 것이 일반적인 견해이다. 고향을 떠나 아프리카 밖으로 이동한 이들은 대부분 목숨을 잃은 것으로 보인다. 중국의 몇몇 유적지에서는 이른 시기에 이주했지만 자손을 남기지 못하고 죽은 사피엔스의 흔적이 남아 있다.

이와 달리 이주에서 살아남은 이들은 현생 인류의 조상이 되었다. 우리에게는 이들의 유전자가 몇 개 남아 있는데, 미토콘드리아 DNA에서 그 흔적을 발견할 수 있다(124쪽 '미토콘드리아 DNA' 참조). 이를 위해서는 우선 하플로그룹의 돌연변이가 어떤 DNA에서 일어났는지 알아내야 한다. 돌연변이는 지역에 따라 발생 정도가 다르기 때문에 염기서열을 비교하면 인류가 과거에 어떤 경로를 통해 세계로 뻗어나갔는지 추적할 수 있다. 미토콘드리아 하플로그룹 L3형은 이전 하플로그룹의 돌연변이로 8만 4,000년 전 아프리카에 나타난 것으로 추정된다. 아프리카에서는 L3형 외에도 다양한 하플로그룹이 존재한다. 하지만 첫 돌연변이가 등장한 시기가 6만 3,000년 전이기 때문에 세계 다른 지역에는 L3형에서 유래한 하플로그룹만 존재한다. 다시 말해, 아프리카 이외 대륙에 사는 이들은 모두 L3형을 가진 아프리카인의 후손이다.

2015년 중국의 다오현에서 발굴된 호모 사피엔스의 치아는 연대가 여전히 논란이 되긴 하지만 이들이 8만~10만 년 전 중국 남부에 도착했음을 보여준다. 그러나 인류가 오스트레일리아에 도착한 것은 그보다 훨씬 뒤인 5만~6만 5,000년 전이었다. 오스트레일리아에 가기 위해서는 나무의 속을 파서 만든 커다란 통나무배를 타고 바다를 건너야만 했다. 벼락이 떨어져 불이 붙은 수풀과 그곳에서

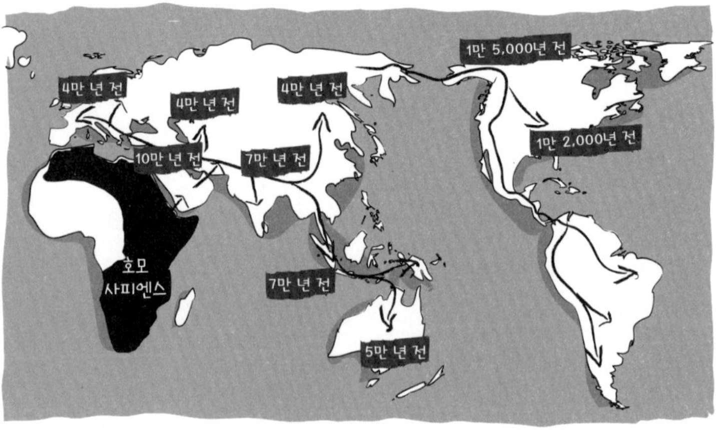

호모 사피엔스가 세계로 뻗어나간 시기

뿜어져나오는 연기를 멀리서 본 인류의 가슴속에서는 미지의 땅을 탐험하고픈 욕망이 꿈틀댔을지도 모른다.

북쪽 지역에 있는 이들은 동북아시아로 이동했다. 1만 5,000년 전에는 바다의 높이가 낮아 베링 해협을 걸어서 통과할 수 있었다. 아메리카 대륙에 도착한 뒤에는 어떻게 되었는지 알 수 없지만 빙하로 뒤덮인 녹록지 않은 환경에서도 계속 발걸음을 옮겼다. 두 개의 거대한 대륙 빙하 사이에 난 길을 통해 갔거나, 기후가 더 온화한 지역을 찾을 때까지 해안선을 따라서 나아갔을 것으로 추정된다. 어떤 길을 통해서 갔든 남쪽으로 내려간 이들의 눈앞에 누구의 발도 닿은 적 없는 끝없이 펼쳐진 초원이 나타났다. 그곳은 미국 매머드의 일종인 마스토돈과 들소 떼 등 사냥감이 풍부한 지역이었다. 그곳에 정착한 고인디언들은 규석과 흑요석을 섬세하게 가공해서 만든 석기로 유명하다. 뉴멕시코주 클로비스에서 이름을 따온 클로비스 문화가 바로 이들이 영위한 석기 문화이다.

일부는 남아메리카의 파타고니아와 더 남쪽 끝에 있는 열도인 티에라델푸에고까지 갔다. 이 시기를 3만 년 전으로 추정하는 학자들도 있지만, 인류가 그보다 훨씬 이전에 아메리카 대륙에 도착했다고 주장하는 이들도 있다. 돌로 내리쳐서 부러진 것으로 보이는 마스토돈 뼈 유적의 연대가 13만 년 전으로 추정되기 때문이다.

아프리카에서 온 인류가 아시아로 뻗어나간 것은 4만 5,000년 전이지만, 서쪽으로 발걸음을 옮긴 것은 그보다 훨씬 뒤의 일이다.

서쪽으로의 이주가 늦어진 이유는 기후 때문으로 보인다. 남아시아 지역의 기후는 원래 거주하던 곳과 비슷한 반면, 유럽은 당시 혹독한 마지막 빙하기를 겪고 있었다. 유럽에 이미 터를 잡고 있는 네안데르탈인이 또 다른 장애물이었다는 주장도 있지만, 수가 극히 적다는 점에서 큰 장벽은 아니었던 것으로 보인다.

새로운 인류와 만나다

10만 년 전 서아시아에서는 네안데르탈인과 사피엔스가 같은 곳에 사는 경우도 있었다. 두 인류는 비슷한 도구를 만들었고, 죽은 사람을 매장했다. 서아시아는 이들이 만나 아이를 낳았던 여러 지역 중 하나로 보인다. 여러 명의 네안데르탈인과 현생 인류의 게놈을 비교한 결과 두 인류종이 서로 교배해 유전자를 교류한 것으로 밝혀졌다(142쪽 '선사인의 DNA' 참조).

아프리카인을 제외한 현생 인류는 네안데르탈인의 유전자를 1~4% 보유하고 있다. 생물학자 스반테 파보Svante Pääbo는 모두가 같은 유전자를 갖고 있는 것은 아니기 때문에 네안데르탈인 게놈의 20~40%가 여전히 우리

« 진화의 흔적은 우리의 세포와 분자마다 남아 있다. »

프랑수아 자코브, 1981

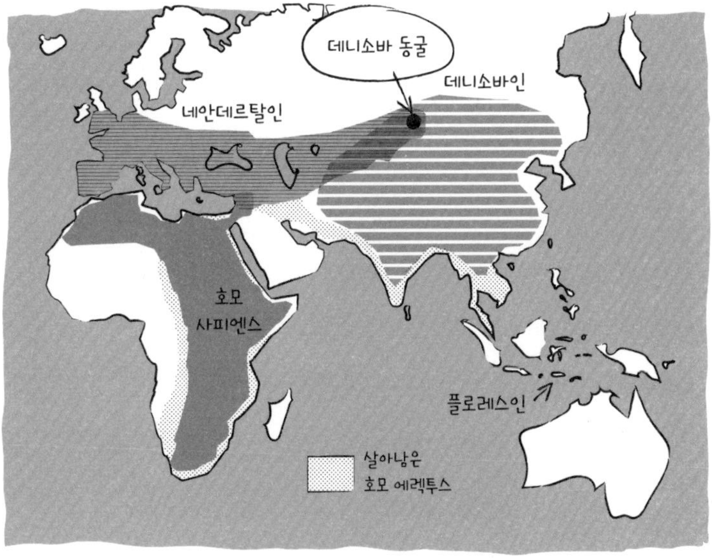

10만 년 전 인류종의 분포도(가정)

에게 남아 있을 것이라고 주장한다. 반대로 네안데르탈인도 호모 사피엔스의 유전자를 일부 가지고 있었다. 하지만 현생 인류의 게놈에서 네안데르탈인 유전자 비율이 크지 않은 것으로 보아 두 인류의 결합이 흔한 경우는 아닌 것으로 추론된다. 이들 사이에서 태어난 아이들은 불임일 확률이 높기 때문에 두 종 모두 '이질적' 유전자 확산에 제동을 건 것이다.

오늘날 아프리카인들에게 네안데르탈인 DNA가 없는 이유는 사피엔스가 아프리카 대륙을 떠난 뒤 네안데르탈인과 교배했기 때문이다. 사피엔스는 그 후 유라시아와 아메리카 등지로 뻗어나갔다.

아프리카에 남은 사피엔스는 네안데르탈인과 조우한 적이 없지만, 거꾸로 유럽에서 아프리카로 거슬러간 인류는 북아프리카에서 네안데르탈인의 유전자를 사피엔스에게 전달했다.

호모 사피엔스의 몸에 들어온 새로운 유전자는 돌연변이가 발생해 염기서열이 변화했고, 이에 따라 네안데르탈인의 것과 다른 형태를 띠게 되었다. 돌연변이가 얼마나 발생했는지 알면 두 종 사이에 언제 교배가 이루어졌는지 알 수 있다. 사피엔스와 네안데르탈인은 두 종이 서아시아에서 교류했던 10만 년 전과, 아프리카에 남아 있던 사피엔스가 다른 대륙으로 떠난 5만~6만 년 전에 교배한 것으로 추정된다. 4만 5,000년 전에 시베리아에 살았던 한 인골 화석의 DNA에 따르면 그가 태어나기 7,000~1만 3,000년 전 두 종이 교배한 것으로 확인되었다. 루마니아의 페스테라 쿠 오아세에서 발견된 유럽에서 가장 오래된 호모 사피엔스 화석(4만 년 전)은 네안데르탈인 DNA를 현생 인류보다 세 배나 더 많이 보유하고 있었다. 이 화석의 4~6세대 전 조상은 네안데르탈인이었다. 하지만 이 화석 인류의 유전적 특징이 현생 인류의 게놈에 남아 있지 않은 것으로 보아 대가 이어지지는 못한 것 같다.

호모 사피엔스는 네안데르탈인 이외 다른 인류와도 교배를 했다. 데니소바인의 유전자를 물려받은 호모 사피엔스의 자손은 오스트레일리아와 파푸아뉴기니, 필리핀에 정착했다. 데니소바인의 유전자는 많지는 않지만 아시아 대륙과 아메리카인디언들에게서도 찾아볼 수 있다. 놀라운 것은 유전학자들이 데니소바인의 게놈에서 미지의 DNA 흔적을 발견했는데, 굉장히 오래된 인류종의 것으로 추정되는 이 DNA가 고대 아시아 호모 에렉투스의 것일 가능성도 있다는 것이다. 또한 여러 아프리카 집단의 DNA 염기서열도 알려지지 않은 다른 인류에게서 유래한 것으로 밝혀졌다. 이 미지의 인류는 70만 년 전 호모 하이델베르겐시스에서 갈라져나와 3만 5,000년 전에 멸종한 것으로 보인다.

다른 인류종과의 교배는 호모 사피엔스에게 긍정적인 결과를 가져왔다. 고위도 지방의 추운 기후에 빨리 적응할 수 있었고, 이로운 돌연변이가 우연히 발생해 자연 선택을 통해 자리 잡기를 기다리는 대신 도움이 되는 다른 인류의 유전자를 취할 수 있었다. 수십만 년

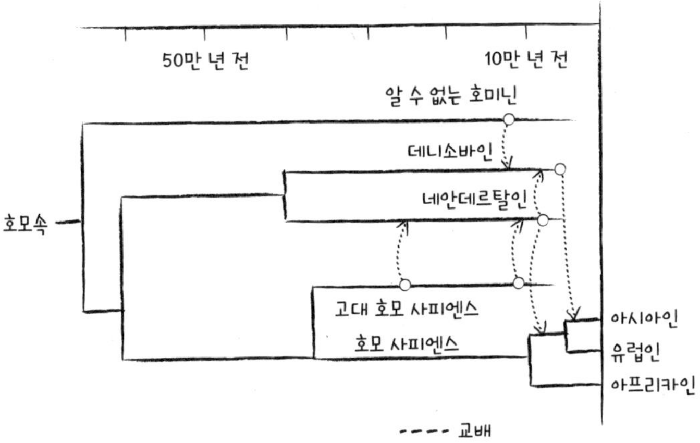

인류종 사이의 교배

동안 진화하며 **적응**에 필요한 형질을 묵묵히 축적해온 이들의 유전자를 말이다. 이처럼 유용한 유전자(정확히 말하자면 이 유전자의 유용한 대립유전자)가 전달되는 것을 **적응성 유전자 이입**이라고 한다. 새로운 대립유전자가 한 집단에서 빈번하게 발현될 경우 이로운 돌연변이라고 할 수 있다.

이러한 돌연변이는 피부, 면역계, 소화계에 관여하는 유전자에 변화를 일으키며 인류의 조상에게 예기치 않은 이득을 제공했다. 예를 들어 병원균을 제거하는 STAT2 유전자는 현생 인류가 네안데르탈인으로부터 물려받은 것이다. 이 유전자는 유라시아 인구의 10%에 존재하고 멜라네시아에서는 그 비율이 더 높다. 인류의 조상은 이 네안데르탈인의 유전자 덕분에 아프리카에는 존재하지 않던 새로운 종류의 세균 감염을 이겨낼 수 있었던 것이다. 또한 면역 체계에서 핵심적 역할을 하는 단백질인 톨Toll 유사 수용체TLR를 암호화하는 유전자 중 두 개는 네안데르탈인에서 유래했고, 다른 하나는 데니소바인 유전자에서 온 것으로 추정된다. TLR는 오늘날 박테리아와 기생충으로부터 인간 면역 체계의 최전방을 보호하는 역할을 한다.

한편 티베트인들은 고지대에서 살아가는 데 유리한 유전자를 데니소바인에게서 물려받은 것으로 보인다. 또한 갈색 지방 조직은 추운 환경에서 열을 생성하는 역할을 하는데, 중국 남부의 나시족과 시베리아 북동쪽에 사는 야쿠트족과 에벤족은 이 조직의 발달에 관여하는 TBX15 유전자의 변이체를 가지고 있다. 이 역시 빙하기에 잘 적응했던 데니소바인의 유산이다.

« 우리는 모두 네안데르탈인의 흔적을 얼마만큼 가지고 있다. »
스반테 파보

그런데 특정 영역의 DNA에는 네안데르탈인의 유전자 이입이 거의 일어나지 않았다. 불임 위험이 높아져서 그런 것일 수도 있고, 생리적 혹은 사회적 이유로 음성 선택을 일으킨 것일 수도 있다. 남성 생식의 핵심적 유전자를 보유한 X 염색체에는 네안데르탈인의 DNA가 거의 존재하지 않는다. 교배를 통해 염색체에 변화가 생겼더라도 자연 선택에 의해 후대에는 전달되지 못한 것 같다. 네안데르탈인의 DNA를 가진 이들은 생식력이 떨어져 유전적 형질을 후손에게 물려줄 수 없었던 것이다.

자연 선택 기능이 때로는 이렇게 단순할 때도 있다. 언어 구사에 필수적인 유전자 FOXP2의 영역에도 마찬가지로 네안데르탈인의 유전자가 존재하지 않는다. 네안데르탈인의 DNA 돌연변이를 보유한 사피엔스는 말재간이 형편없어 짝을 찾지 못했는지도 모른다. 물론 증거는 없지만 말이다.

한편 네안데르탈인의 유전자는 과거엔 유용했던 것도 있지만 현재는 모두 무용지물이 되었다. 예를 들어 네안데르탈인의 유전자 변종인 SLC16A11은 당뇨가 발생할 위험을 높인다. 이 대립유전자는 아메리카 인디언들에게서 흔히 볼 수 있으며 아시아에도 존재하는데, 과거 네안데르탈인에게서 어떤 역할을 했는지는 알려지지 않았다.

선사인의 DNA

스반테 파보와 그의 동료 연구자들이 1997년 최초로 네안데르탈인 DNA 조각의 염기서열(19쪽 'DNA, 유전자, 돌연변이' 참조)을 분석한 이후, 고대 DNA를 분리하고 정제하는 기술은 크게 진보했다. 2010년 이 연구 팀은 4만 년 전에 살았던 세 명의 네안데르탈인 게놈을 분석해 네안데르탈인의 DNA가 현생 인류의 세포에 남아 있다는 것을 밝혀냈다. 그 후 2016년 시마 데 로스 우에소스에서 발견된 43만 년 전 뼈 화석은 핵 내 DNA 분석을 통해 초기 네안데르탈인이라는 것과 기원을 알 수 있었다.

인간에게 돌연변이가 나타날 확률은 1년에 1뉴클레오티드당 0.5×10^{-9}분의 1이다. 이 확률과 두 게놈의 차이, 화석의 나이를 토대로 계산하면 어림값이지만 게놈이 분화된 시기를 추정할 수는 있다.

고대 DNA 분석은 대립유전자의 다양성을 기반으로 한 인구통계학적 자료와 근친결합의 양상 같은 당시 사회에 대한 정보를 제공해준다.

후기 구석기시대 문화

현대 호모 사피엔스는 4만 5,000년 전 유럽에 도착했다. 네안데르탈인과 고대 사피엔스가 주체였던 무스티에 문화를 새로운 오리냐크 문화가 대체한 시기로, 도구 제작 기법에 중대한 변화가 일어난다. 선사학자들은 이를 **중기 구석기시대**에서 **후기 구석기시대**로 넘어간 것으로 본다.

사피엔스는 하나의 몸돌에서 여러 개의 유선형 긴 날이나 더 작은 좀돌날을 만드는 새로운 기술을 발명했다. 긁개, 밀개, 뚜르개, 새기개 등 도구의 종류도 다양해졌다. 사냥꾼들은 뼈나 상아 등 동물에서 나온 단단한 재료로 투창의 찌르개를 제작했는데, 일부 선사학자는 인간이 자연을 보는 시각이 달라져 이 같은 변화가 생겼다고 주장한다. 네안데르탈인이 동물의 뼈를 사용하지 않은 이유가 동물의 몸으로 만든 무기로 다른 동물을 사냥하는 것을 원치 않았기 때문이라는 것이다.

새로운 유럽인은 여전히 수렵채집 생활을 했다. 현생 인류 중에도 드물지만 칼라하리 사막의 산족이나 아마존의 일부 아메리카 인디언들처럼 여전히 사냥과 채집을 하며 살아가는 집단이 있다. 이들만 두고 보면 남자만 몸집이 큰 짐승을 사냥한다는 것을 추측할 수 있다. 가장 흔한 사냥감은 순록이었지만, 그 외에 말, 오록스, 무플런(야생 산양의 일종), 코뿔소, 매머드 등 많은 동물이 지역에 따라 다르

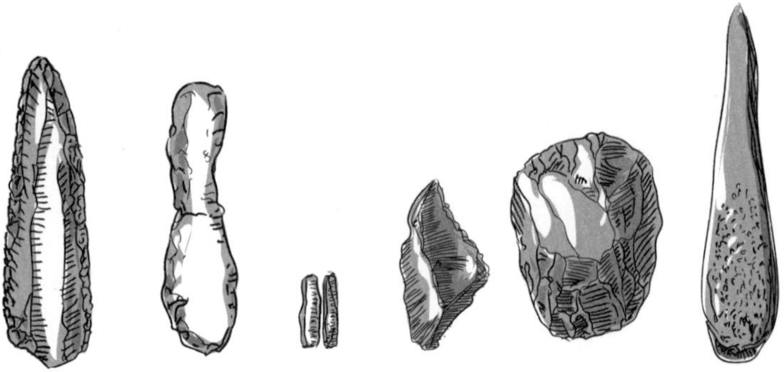

오리냐크 문화의 도구

게 분포했다. 여자들은 달팽이, 도마뱀, 새 등과 같은 작은 동물을 사냥했고 새알과 조개를 주웠다. 또한 덩이줄기식물, 식용뿌리, 야생과일, 버섯 등 온갖 종류의 식물을 채취했다. 사냥으로 많은 고기와 지방을 얻었지만, 채집 활동에서 얻은 것이 양식의 상당한 부분을 차지했다.

인류는 지역과 시기에 따라 다양한 종류의 도구와 무기, 일상용품을 사용했다. 선사학자들은 유럽에 등장했다 사라진 문화를 다음과 같이 정리했다.

오리냐크 문화는 2만 6,000~4만 5,000년 전에 발달한 문화로, 나무나 사슴뿔처럼 '무른' 망치를 사용하면서 규석을 긴 돌날 형태로 가공하는 것이 일반적인 기법으로 자리 잡았다. 격지를 떼어내기 위해 규석 몸돌을 타격했던 돌망치와 달리 무른 망치로는 더 정교한

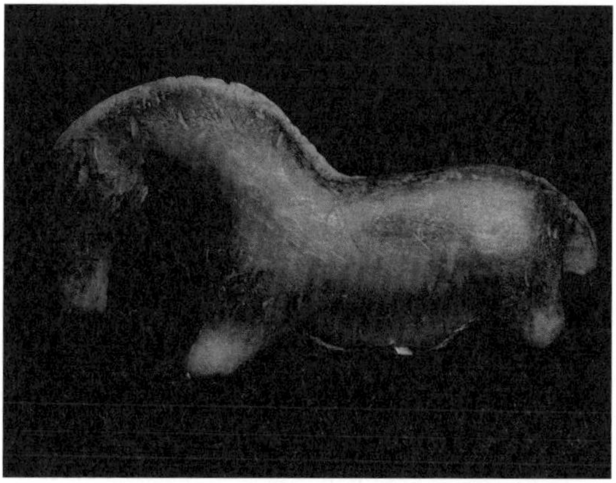

상아로 만든 선사시대의 말 조각상(독일 포겔헤르트)

가공 작업이 가능했다. 창끝에는 밑이 갈라진 뼈로 된 찌르개를 달았고, 이빨이나 조개로 장신구도 만들었다. 독일 포겔헤르트에서 발견된 상아로 된 동물 조각들이나 홀렌슈타인슈타델 동굴에서 발굴된 '사자인간' 등 인류의 첫 조각품이 만들어졌다. 인류가 처음으로 개를 가축으로 키우기 시작한 것도 이때부터인 것으로 보인다.

그라베트 문화는 1만 9,000~2만 7,000년 전에 발달한 문화로, 이 당시 제작된 도구는 길고 곧은 모양의 날에 자루를 단 것이 특징이다. 그라베트 문화 유적지에서는 오스트리아의 빌렌도르프 비너스와 프랑스 랑드의 브라상푸이 여인상 등 다산의 상징인, 과장된 체형을 가진 여성의 작은 조각상들이 발견되었다.

솔뤼트레 문화는 1만 6,000~2만 년 전에 프랑스와 스페인을 중심으로 발달한 문화로, 크고 길쭉한 월계수 잎 모양의 규석 돌날이

빌렌도르프 비너스(2만 5,000년 전 오스트리아)

제작되었다. 망치로 내려치기보다는 누르는 힘을 이용해 도구를 가공했다. 그중 크기가 큰 것은 장식용이나 명예를 나타내기 위한 용도로 쓰였다. 투창기를 발명해 창을 더 멀리 던질 수도 있고 명중률도 높아졌다. 이 시기 유적지에서는 유럽 최초의 뼈바늘이 발견되기도 했다.

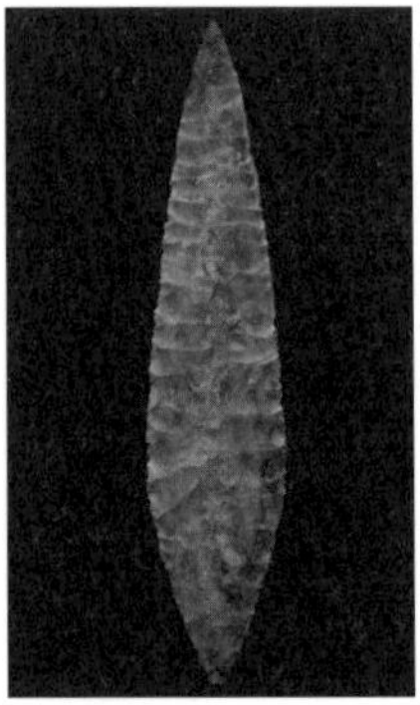

규석으로 된 월계수 잎 모양 돌날(솔뤼트레 문화)

1만 7,000~1만 년 전에 발달한 마들렌 문화는 변화를 거치면서 포르투갈에서 폴란드까지 퍼져나갔다. 이 시기에는 점점 더 정교하고 다양한 형태의 도구가 발전했다.

이 시기에는 삼각형 모양의 화살촉을 비롯해 뼈나 상아로 된 작살과 낚싯바늘 등이 만들어졌다. 순록의 뿔로는 '구멍 뚫린 막대기'를 제작했는데, 투창을 불에 달궈 곧게 세울 때 쓰였거나 막집의 끈을 지탱하는 용도로 사용되었던 것으로 추정된다. 조류의 뼈에 구멍을 뚫어 만든 피리 등의 악기도 제작되었다.

몇몇 후기 구석기시대 유적지는 우리가 흔히 생각하는 선사시대 사람들의 삶과 다른 모습을 보여준다. 3만 2,000년 전으로 추정되는 러시아의 숭기르 유적지에는 성인 남자 1명과 청소년 2명의 유골이 매장되어 있었다. 팔에는 상아로 만든 팔찌가, 목에는 조개 등의 펜던트가 달린 목걸이가 걸려 있었다. 인골들은 매머드의 상아로 만든 수천 개의 구슬이 수놓아진 가죽옷을 입고, 여우의 송곳니로 장식된 벨트를 착용하고 있었다. 무덤 속에는 상아로 만든 창과 무기, 작은 조각상 들이 함께 묻혀 있었다. 옷에 달린 구슬을 하나 조각하는 데 적어도 한 시간 이상 걸렸을 텐데, 호화로운 장례의식을 치른 것으로 보아 세 사람은 높은 사회 계층에 속했을 것으로 짐작된다. 이는 당시 사회가 조직적이고 계층이 분리되어 있었다는 것을 보여준다. DNA 분석에 따르면, 이들은 같은 혈통이지만 직계 가족은 아닌 것으로 드러났다.

크로마뇽인

대부분의 사람은 '크로마뇽'이라고 하면 선사시대인을 떠올린다. 하지만 크로마뇽은 사실 프랑스 도르도뉴 지방의 베제르 계곡에 자연적으로 형성된 동굴의 이름이다. 이 동굴에 묻혀 있는 유적의 존재는 1868년 도로 공사를 하던 중 우연히 발견되었다. 프랑스 선사학자 루이 라르테Louis Lartet는 이곳에서 5구의 유골 화석과 여러 개의 석기, 동물 뼈를 발굴했다.

연대가 2만 8,000년 전으로 추정되는 이 유적지에는 남자 3명, 여자 1명, 아이 1명 등 총 5명의 호모 사피엔스가 매장되어 있었다. 그중 남자 1명은 키가 180cm에 이르렀으며 근육이 굉장히 발달해 있었다. 치아가 모두 빠진 상태여서 '노인'이라는 별칭을 붙였지만, 실은 50대에 불과했다. 발견된 도구는 오리냐크 문화에 속하는 것으로 밝혀졌다.

이곳에서 발굴된 화석들이 대중에게 유명해졌기 때문에 크로마뇽인은 오랫동안 유럽 후기 구석기시대(1만~4만 5,000년 전)에 살았던 모든 인류를 가리키는 말로 사용되었다. 오늘날에는 크로마뇽인 대신 '현생 인류' 혹은 '해부학적으로 현대적인 호모 사피엔스'라는 용어를 사용한다.

후기 구석기시대가 이전 시대와 구별되는 또 다른 특징은 다양한 사물에 동물 모습을 그리거나 새기는 행위가 굉장히 흔했다는 것이다. 남자들(혹은 여자들)은 나무와 뼈, 상아를 조각했고 동굴 벽에 장대한 그림을 그렸다. 물론 네안데르탈인도 그림을 그린 것으로 밝혀졌지만, 이 시기에는 예술활동이 훨씬 자주 행해졌다.

그렇지만 그림의 양식에서는 별다른 진전이 없었다. 프랑스의 쇼베 동굴 벽화는 3만~3만 5,000년 전에 그린 것이고, 라스코 동굴 벽화는 그보다 훨씬 뒤인 1만 7,000년 전에 그린 것이지만, 두 그림은 비슷한 수준의 지적 능력과 예술성을 보여준다. 동굴 벽화가 먼저 발견되고 연구된 것은 프랑스지만, 이 예술은 유럽에서만 존재하는 것이 아니다.

인도네시아 술라웨시섬의 한 동굴에는 여러 벽면에 4만 년 전에 그린 그림이 남아 있었다. 손바닥을 벽면에 대고 물감을 뿌려 스텐실 기법으로 그린 그림과 동물 그림이었다. 초기 동굴 벽화는 당시 인류가 살았던 영토의 두 끝자락인 서유럽과 오스트레일리아에서 개별적으로 발달했을 수 있다. 하지만 벽화를 그리는 것은 인류의 오랜 전통으로, 호모 사피엔스가 대이주할 때 세계 곳곳으로 퍼져나간 것으로 보인다.

오스트레일리아의 원주민 애버리지니는 오늘날까지도 암벽이나 깊지 않은 동굴 속에 그림을 그리는 전통을 이어가고 있다. 예전에 만들어진 벽화들은 정기적으로 덧칠을 해서 만들어진 시기를 알기 어렵지만, 그림에 사용된 황토와 적철석으로 된 검은색 물감은 4만~5만 년 전 것으로 밝혀졌다. 언젠가는 오스트레일리아의 초기

쇼베 동굴 벽화 속의 오록스 소와 말, 코뿔소(3만 3,000년 전 프랑스)

거주민들이 그린 그림을 볼 수 있을지도 모른다.

이들의 작품은 인류의 기원에 대한 애버리지니의 신화를 보여주기도 하고, 공동체에서 일어난 사건들을 다루기도 한다. 동굴 벽화가 지니는 의미는 지역마다 달랐던 것 같다. 유럽에서는 동물과 기하학적 문양, 손, 여성의 성기가 주를 이루었고, 사람의 모습은 찾아보기 힘들었다. 라스코 동굴에서 발견된 상처 입은 들소 그림처럼 사냥을 연상시키는 것도 있지만 어디까지나 부차적인 주제였다. 사자와 하이에나 등 사냥 대상이 아닌 동물은 자주 등장했지만 가장 흔한 사냥감인 순록을 그린 경우는 많지 않았다.

프랑스의 페슈 메를 동굴이나 튀크 도두베르 동굴에서는 진흙에

찍힌 발자국이 발견되었다. 청년들의 발자국이었는데, 성인식을 치르기 위해 동굴에 들어간 것으로 추측된다. 선사시대 예술가로는 남성이 주로 언급된다. 하지만 동굴 벽에 입으로 황토 물감을 뿜어서 손의 윤곽을 남긴 손바닥 스텐실을 보면 여성도 벽화 작업에 참여했던 것으로 추정된다.

인간 혁명을 이루다

후기 구석기시대에 만들어진 예술작품들은 호모 사피엔스가 겪은 격동기를 보여준다. 사피엔스는 조상들이 가보지 못한 세계 곳곳의 미지 영역을 탐험했다. 새로운 기술의 습득과 문화의 발달로 일상생활에 사용되는 물건들도 빠르게 발전했다. 그 이전에는 수십만 년 동안 기술이 같은 수준에 머물렀다는 것을 생각하면 굉장한 변화가 아닐 수 없다.

이와 같은 급격한 진보는 이전 호모 사피엔스 역사의 단순한 연장선일까, 아니면 인류의 진화에서 실제로 질적 도약이 일어난 것일까? 이를 설명하기 위해 '인간 혁명'이라는 개념이 거론되기도 한다. 4만~5만 년 전 인간의 뇌 구조에 중대한 변화가 발생했고, 이 변화가 전 지구로 빠르게 퍼져나가 인류의 창의력과 언어 능력이 증폭되었다는 것이다.

사피엔스 사피엔스

왜 우리는 호모 사피엔스 사피엔스(슬기슬기 사람)라는 용어를 사용하는 것일까? 같은 말을 반복할 뿐 아니라 잘난 체하는 느낌마저 드는데 말이다. 보통 세 단어로 이루어진 라틴어 이름은 아종에 사용된다. 아종이란 종의 하위분류로서 다른 곳에 살며 구별되는 차이점을 가지고 있는 집단을 일컫는다. 한 종의 아종끼리 교배가 가능하다는 것은 확인된 사실이다. '종'의 개념 자체가 복잡하고 논란이 되긴 하지만 '아종'을 분류하는 것은 편리한 면이 있다.

화석의 정확한 종명을 찾는 것이 어려운 고생물학에서 아종은 아무런 의미가 없다. 종 간 교배가 가능한지 확인할 길이 없기 때문이다. 하지만 장소뿐 아니라 시간도 종의 분류에 영향을 미치는 요소이기 때문에 아종은 직계 계통을 추론해 화석들 간의 관계를 알 수 있게 해준다. 그런데 여기에서 문제가 발생한다. 종의 정의 자체가 모호한 데다 조금씩 변화하고 있기 때문이다. 또한 일반적으로 화석의 혈통을 정립하기가 불가능하기 때문에 학자들은 계통학적 분류 시 이를 고려하지 않는다.

호모 사피엔스는 사피엔스와 네안데르탈인이 같은 종에 속한다고 생각하던 시절, 선사학자들이 두 인류를 구분하기 위해 붙인 이름이다. 이는 네안데르탈인을 호모 사피엔스 네안데르탈렌시스라고 명명해서 사피엔스의 가까운 친척으로 분류해 네안데르탈인의 '명예를 살려주려는' 시도였다. 하지만 사피엔스와 네안데르탈인 사이의 교배가 극히 제한적이었던 것으로 밝혀짐에 따라 더 이상 두 인류가 같은 종명 아래 있어야 하는 이유가 없어졌다. 그래서 이제는 호모 사피엔스와 호모 네안데르탈렌시스로 분류된 것이다.

일부 고인류학자는 현생 인류인 현대 호모 사피엔스와 고대 호모 사피엔스를 구분해야 한다고 주장한다. 에티오피아 헤르토에서 발굴된 16만 년 전의 두개골 화석은 해부학적으로 현대적인 호모 사피엔스와 유사하면서도 차이점이 있었기 때문에, 호모 사피엔스 이달투*Homo sapiens idaltu*로 분류되었다. 그래서 현생 인류는 호모 사피엔스 사피엔스가 된 것이다. 이 두개골은 호모 로데시엔시스와 호모 사피엔스의 중간 종으로 여겨진다. 이러한 명칭은 두 아종이 다르다는 것을 보여주지만 정의는 명확하지 않다. 호모 사피엔스 이달투가 언제 호모 사피엔스 사피엔스가 되었고 어떤 기준으로 둘을 구분할 수 있는지 확실하지 않기 때문이다.

생물학적 진화와 문화적 진보를 동시에 가져온 변화는 굉장히 빠른 시간 내에 인류의 삶을 바꾸어놓았다. 인류의 이러한 도약이 언제, 어떻게 이루어졌는지 곧 알게 되기를 바란다.

유럽에서는 별안간 등장한 호모 사피엔스가 네안데르탈인들을 밀어내고 그 자리를 차지한 것이 변화를 일으킨 가장 중심적 사건으로 여겨진다. 우리가 전통적 선사학의 유럽 중심주의적 태도를 버리고 세계 다른 지역에도 유럽만큼 관심을 기울인다면 아시아나 아프리카에서도 이처럼 점진적인 변화가 일어났다는 것을 깨닫게 될지도 모른다. 최근 발견된 사실들에 따르면 네안데르탈인의 중기 구석기시대와 현생 인류의 후기 구석기시대를 구분하는 명확한 차이점이라고 여겨졌던 것들이 사실 별 의미 없는 것으로 확인되었다. 아프리카에서는 오리냐크 문화기 전에 이미 뼈로 된 찌르개와 바늘을 만들었을 뿐 아니라 목걸이 등의 장신구로 치장했고 동굴 벽에 그림도 그렸다(123쪽 '에덴의 정원' 참조).

사실 두 시대가 그렇게 상반된 양상을 보인 것은 아니다. 현대 사피엔스에서 관찰된 새로운 행동들은 빈도가 더 적을 뿐 과거에도 존재했던 것이다. 쇼베 동굴의 원시 예술가들은 땅 밑 깊숙한 곳에 위치한 동굴 벽에 빼어난 작품을 그리기 위해 동굴 밖에서 여러 해 동안 그림 기술을 연마하고 완성도를 높이기 위해 훈련했을 것이다. 하지만 이 오랜 수련 과정을 보여주는 흔적은 현재 전혀 남아 있지 않다. 이와 마찬가지로 그전에 존재했던 예술가들도 흔적을 남기지 않았을 뿐, 오랜 전통을 계승해왔을 것이다.

8장

선사시대가 끝나다

마지막 대빙하기가 막을 내리며 기후 변화는 인류 진화의 흐름을 다시 한 번 바꾸어놓았다. 이전 세대의 구석기 문명은 현대 사회의 토대가 된 새로운 문명에 자리를 내주었다. 이 시기에 인류는 자연을 인위적으로 변화시키기 시작했다. 숲이 있던 자리에 농경지가 들어서고, 오록스 대신 암소가 등장했다. 처음으로 가축을 기르고 마을을 일구던 1만 년 전에, 현재 우리가 살고 있는 세계가 조금씩 윤곽을 드러냈다.

중석기시대, 중대한 문화적 변화가 일어나다

지금으로부터 1만 5,000년 전 지구의 기후가 따뜻해지기 시작했다. 빙하기가 마지막 위세를 떨쳤지만 1만 2,000년 전에는 세계가 온난화의 길로 접어들었다. 몇 세기 만에 평균 온도가 8℃ 높아졌고 대기의 습도도 올라갔다. 사하라 사막은 사바나가 되었고 유럽 대륙은 숲으로 뒤덮였다. 거대한 빙모가 녹으면서 엄청난 양의 물이 바다에 흘러들어가 해수면이 120m나 높아졌다.

석기시대 중간에 해당하는 **중석기시대의** 환경은 후기 구석기시대와 매우 달랐기 때문에 수렵채집 활동을 하던 사람들은 새로운 삶의 방식에 적응해야 했다.

기후가 온화해지자 지구는 완전히 새로운 옷을 입었다. 툰드라와 스텝 지역은 소나무가 무성하게 자라났다가 떡갈나무 숲으로 뒤덮였다. 오록스와 말처럼 새로운 환경에 적응하는 동물도 있었고 멸종한 동물도 있었다. 순록은 북쪽으로 이동했고 매머드는 지구상에서 사라졌다. 이후 사슴과 멧돼지, 산토끼 들이 빈자리를 채웠다. 앞선 빙하기 때보다 동물들이 눈에 띄게 늘어났다. 이 덕분에 인류는 과거에 불가능했던 정착생활을 할 수 있게 되었다.

중석기시대에 사냥꾼이 어떤 생활을 했는지는 거의 알려지지 않았다. 유적이 보존되는 데 불리한 환경이 되었기 때문이다. 하지만 확실한 것은 문화적으로 중대한 변화가 발생했다는 것이다. 이들은 크기가 작은 **잔석기**를 많이 만들었는데, 주로 화살촉으로 사용했다. 숲에서 사냥할 때의 편리함 덕분에 활은 투석기를 제치고 일상적인 무기로 자리 잡았다. 동굴 벽화는 프랑스에선 빈도가 줄어들었지만, 스페인에서는 인물이 자주 등장하는 새로운 양식이 발전했다.

중석기시대 스페인의 레반트 암석벽화

바닷가에서는 조개 채집이 거의 산업적인 규모로 이루어졌다. 해안가 근처에는 다 먹은 조개껍데기가 언덕 높이로 쌓여 있었다. 사람들은 줄을 엮어 만든 그물이나 통발을 이용해 물고기를 잡았다. 카누를 만들어 강과 바다로 나가기도 했다. 이 시기에 인류는 처음으로 코르시카섬이나 크레타섬과 같은 지중해의 섬에 발을 디뎠다.

거대동물의 멸종

빙하기가 막을 내림에 따라 많은 생물종이 멸종했는데, 그중에는 45kg 넘는 거대동물이 많았다. 눈에 띌 수밖에 없는 몸집 때문에 이들이 지구상에서 사라졌다는 것은 고고학 유적지에서 단박에 알 수 있었다. 거대동물들이 사라진 것은 특정 지역에만 한정된 일이 아니었다. 유라시아의 매머드, 커다란 나무늘보를 닮은 남아메리카의 메가테리움, 오스트레일리아의 틸라콜레오(주머니사자)가 모두 자취를 감추었다.

동물들이 멸종한 이유에 대해서는 두 가지 가설이 수십 년 동안 대립하고 있다. 하나는 기후 변화를, 다른 하나는 인간의 활동을 가장 큰 원인으로 본다. 지구의 온도가 높아지며 식물들이 사는 환경도 예전과 달라졌다. 하지만 초식동물은 대부분 식성이 확고해, 풀을 먹던 매머드가 나뭇잎을 먹을 수는 없었다. 순록처럼 서식하기 적합한 환경을 찾아 북쪽으로 떠난 동물도 있었다. 그러나 온난화로 인해 서늘한 기후의 스텝이 사라져 매머드와 털코뿔소는 다른 곳으로 이주할 수도 없었다.

그러나 모든 멸종을 기후 변화로 설명할 수는 없다. 동물들이 왜 그렇게 빠른 속도로 사라졌는지에 대한 문제도 마찬가지이다. 하지만 인간의 사냥활동을 그 이유로 보기에는 인류의 도착과 동물들의 멸종 사이 상관관계가 불분명하다.

이 가설을 입증하기 위해서는 두 사건의 연대를 알아내고 인류가 멸종한 동물들을 실제로 사냥했다는 것을 입증해야 한다. 인간이 그 장소에 등장하기도 전에 동물들이 멸종한 것이라면 인간에게는 아무런 책임도 없기 때문이다. 그 반대의 경우 인류가 동물의 멸종에 영향을 미쳤을 가능성은 크지만, 그렇다고 완전히 인간의 탓이라고만 볼 수는 없다.

번식률이 낮은 동물들은 인간이 자신들을 사냥한다는 압박감만으로도 번식에 영향을 받았다. 특히 몸집이 큰 동물종 중에서 그런 경우가 많았다. 오스트레일리아에 살던 타조의 한 종인 게니오르니스가 대표적인 예이다. 무게가 200kg 넘는 이 조류는 날지 못한다. 2015년에 4만 3,000~5만 4,000년 전 유적지 200곳 이상에서 탄화된 자국이 있는 게니오르니스의 알껍데기가 발견되었다. 들불만으로는 이런 자국이 남기 불가능하므로 인류가 알을 채집한 것이 게니오르니스의 멸종에 주요한 역할을 한 것으로 추정된다(성체는 아마 사냥을 했던 것으로 보인다).

타조와 비슷한 조류인 에뮤의 알도 당시 인간의 식량 중 하나였지만 게니오르니스보다 크기가 훨씬 작은 에뮤는 지구 상에 살아남았다.

같은 시기에 멸종된 또 다른 동물로는 몸무게가 500kg인 거대 캥거루와 2톤에 달하는 엄청난 크기의 웜뱃(유대류 오소리의 종류), 7m 길이의 왕도마뱀(코모도 왕도마뱀의 동류로 세 배 더 크다)이 있다. 오스트레일리아의 초기 정착민들이 이들의 씨를 전부 말렸다고 볼 수는 없지만 우연이라고 하기엔 절묘하다.

뉴질랜드나 마다가스카르 등의 많은 섬에서도 같은 일이 벌어져 대형 조류인 디노르니스와 에피오르니스가 멸종했다. 북아메리카에서는 마스토돈이, 남아메리카에서는 글립토돈과 메가테리움이

선사시대에 살았던 거대 웜뱃의 복원도

자취를 감추었다. 하지만 아르마딜로와 거대 나무늘보는 기후 변화의 피해로 이미 수가 많이 줄어든 종이었다.

인류가 정착한 섬과 대륙에 살던 동물들은 그 이전에 인간과 접촉한 적이 전혀 없었다. 남태평양에 사는 동물들은 인간이 다가와서 자신들의 목숨을 빼앗아갈 때까지 움직이지 않고 가만히 있었다. 모든 동물이 같은 반응을 보인 것은 아니지만, 동물들은 새로운 포식자의 사냥 기술에 속수무책으로 당했다.

그러나 아프리카와 유라시아의 상황은 달랐다. 기후 변화를 견딘 동물들은 큰 문제 없이 살아남았다. 하지만 이후 사피엔스가 대학살을 자행함에 따라 거대동물 중 북아메리카 들소와 고래, 코뿔소 등이 희생되었다.

신석기 혁명

서아시아를 비롯해 일부 지역에서 중석기시대는 한 문화에서 다른 문화로 넘어가는 변천기에 불과했다. 1만 년 전 서아시아에 살던 인류는 서서히 정착생활을 하기 시작했고 처음에는 생진흙으로 집을 지었다. 그리고 씨를 뿌려 작물을 경작했다. 농경활동은 오래전부터 해왔지만 이 시기에는 더 체계적인 방식으로 완두콩, 렌틸콩, 밀, 호밀 등을 길렀다. 규석으로 된 날이 달린 나무 낫 등 농업에 필요한 도구도 만들어 사용했고, 자신들의 파종과 수확 방식에 가장 적합한 품종의 작물들을 선별했다. 또한 사냥을 계속하면서도 무플런과 들염소 등 가축을 기르기 시작했다. 시간이 흘러 오록스와 멧

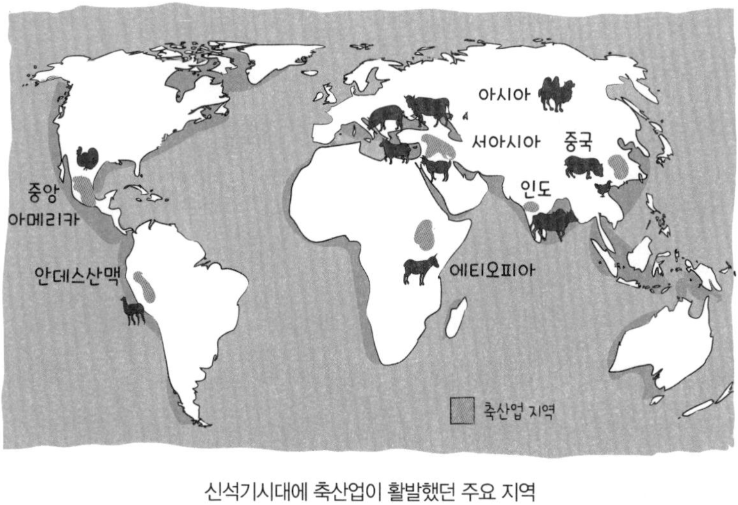

신석기시대에 축산업이 활발했던 주요 지역

돼지는 가축으로 길들여져 오늘날의 소와 돼지가 된다.

고고학자들은 지중해 동쪽 연안(이스라엘, 레바논과 현 터키의 일부)과 티그리스강, 유프라테스강 유역(시리아, 이라크)에서 수많은 목축업의 흔적을 발견했다. 이 일대는 기름진 땅과 그 형태 때문에 과거에는 '비옥한 초승달 지대'라 불리기도 했다. 그 후 다른 지역(161쪽 지도 참조)에서도 같은 변화가 일어났는데, 감자와 쌀, 수수를 재배하고 칠면조, 라마, 낙타를 기르는 등 작물과 가축의 종류에 차이가 있었다.

새로운 삶의 방식은 가히 혁신적이었다. 그래서 우리는 이 인류의 문화 변천을 '신석기 혁명'이라고 부른다. 수렵과 채집을 하던 유목민들은 촌락을 이루고 농사를 지었다. 이 변화는 수천 년에 걸쳐 서서히 바뀌었지만 인류와 환경에 엄청난 영향을 초래했다.

신석기시대인들은 도구를 만들 때 여전히 규석을 재료로 사용했다. 작고 날카로운 잔석기 여러 개를 낫이나 칼자루에 톱날 모양으로 띄엄띄엄 부착했다. 돌도끼는 표면을 매끈하게 갈았다. **신석기시대**를 '간석기시대'라고 부르는 이유가 여기에 있다. 더 나중에는 알프스산맥에서 녹색 광물인 경옥(비취)을 채굴해 의식용 도끼를 만들었다. 이 도끼는 시칠리아에서 아일랜드까지 전 유럽으로 퍼져나갔다.

인류는 오래전부터 진흙을 반죽해 모양을 잡은 뒤 불에 구워 단단하게 만드는 방법을 알고 있었다. 정착생활 이후에는 도자기를 만들어 그 안에 곡물을 저장했다. 이 방법을 통해 야생식물의 불규칙

시리아의 제르프 엘아마르 유적지(9,000년 전)

한 수확량 문제를 어느 정도 해결할 수 있었다.

곡물을 섭취하기 시작하면서 인간의 삶이 이전과 달라졌다. 밀가루를 얻기 위해서는 수확한 밀알로 가루를 내야 했는데, 이 일은 주로 여자들이 담당했다. 이들은 절구 안에 밀 낟알을 넣고 돌로 된 절굿공이로 빻았다. 무릎을 꿇은 자세로 몇 시간이고 절굿공이를 바닥에 문대다보니 척추와 엄지발가락뼈가 변형되었다. 당시 여성들의 유골에는 이 작업의 흔적이 남아 있다. 골격 형태를 보면 세계적인 조정 선수들보다 팔 근육이 더 발달해 있고, 머리에 무거운 물건을 이고 다닌 탓에 척추뼈도 변형되어 있다.

마을의 인구도 조금씩 늘어났다. 같은 장소에서 계속 살아가다 보니 오물이 쌓여 수원지가 오염되었고, 콜레라나 티푸스 같은 병이 창궐하기도 했다. 동물들과 뒤섞여 살아 기생충이나 박테리아가 옮기도 했다. 파리와 쥐가 들끓기에 아주 좋은 환경이었다. 쥐는 저장된 곡물을 훔쳐 먹으며 인간들에게 기생충과 다양한 질병을 퍼뜨렸다.

식습관의 변화는 신석기인의 치아에도 영향을 끼쳤다. 곡물의 녹말 성분은 침 속에 있는 아밀라아제 때문에 입에서부터 소화가 시작되는데, 이 두 물질이 만나면 당이 생성되어 충치가 발생할 확률이 높아진다. 이 시기의 유골 화석에서 충치 흔적이 관찰되는 이유는 이 때문이다.

생활의 변화로 인한 유전적 변화

수십만 년, 수백만 년에 달하는 호미닌과 호모 사피엔스의 긴 역사와 비교했을 때 몇천 년에 불과한 신석기시대가 인류의 진화에 끼친 영향은 미미하지 않을까 하는 생각이 들 수도 있다. 그러나 이 짧은 기간 동안 인류의 삶에 일어난 변화는 강력한 자연 선택을 불러왔다.

신석기시대 사람들은 이전 세대보다 체구가 작지만, 유전적 변화라기보다는 이들의 생활환경에서 원인을 찾아볼 수 있다. 이 시기에는 어린아이를 포함해 모든 사람의 노동 강도가 높아졌다. 또 더 많은 양의 음식물을 섭취했지만 신체에는 적합하지 않은 경우가 많았다.

그러다보니 소화능력 면에서 유전적 변화가 나타났다. 아이들이 모유의 젖당을 분해할 수 있는 소화효소인 락타아제를 생성할 수 있는 능력을 가지고 태어난 것이다. 그런데 어른이 되면 이 능력이 사라져 장 세포에서는 더 이상 락타아제가 만들어지지 않는다. 원칙적으로 성장을 마친 포유류는 우유를 먹지 않으므로 이 효소가 필요하지 않기 때문이다.

신석기시대인들은 암양과 염소, 암소를 키웠다. 가축들의 젖은 영양성분이 풍부했지만, 락타아제가 없는 어른들은 소화하는 데 어려움이 있었다. 인간의 몸에는 락타아제 생성에 관여하는 LCT 유전자가 있는데, 8,000년 전 캅카스 지역에 살던 사람에게서 이 유전자의 돌연변이가 발생한다. LCT 유전자가 어른이 된 뒤에도 계속 기능을 하게 된 것이다. 이 돌연변이는 유라시아 전역에 빠르게 퍼져 오늘날에는 유럽인 중 75%가 이 돌연변이를 가지고 있다. 이와 유사한 또 다른 돌연변이는 마사이족 등 네 개 이상의 아프리카 집단에서 발생했다.

이 형질이 자연 선택에 의해 빠르게 퍼져나갔다는 것은 돌연변이를 물려받은 사람들이 그렇지 않은 사람들보다 살아가는 데 유리한 점이 있었고 생존율이 명확하게 높았다는 것을 의미한다. 우리는 이러한 사실에서 수확량이 좋지 않을 때 우유가 어른을 포함한 모든 연령대의 인간에게 중요한 영양공급원이었다는 것을 추론할 수 있다. 또 다른 가설은 우유가 비타민 D를 함유하고 있다는 사실에 주목한다. 당시 인류는 대대로 검은 피부였기 때문에 신체에서 생성되는 비타민 D의 양이 부족했을 수도 있어 가축에게서 짜낸 젖으로 부족한 영향을 보충했을 것으로 본다.

곡물의 소화에서도 비슷한 현상이 나타난다. 곡물에 다량 함유된 녹말은 아밀라아제를 만나면 당으로 바뀐다. 여러 지역의 농경인들은 수렵채집 생활을 하던 때보다 식량에서 많은 부분을 차지하는 곡물을 소화하는 능력이 발달했다. 이들의 후손은 이에 관여하는 AMY1 유전자의 복제본을 조상들보다 더 많이 보유하고 있다. 아밀라아제 생성이 더 활발해져 전분을 더 빠르게 소화할 수 있게 된 것이다.

신석기시대가 끝나고 청동기시대가 열리다

마을을 이루어 사는 사람들은 항상 나무가 필요했다. 나무는 집을 짓는 재료이기도 하고, 음식을 익히고 토기를 굽기 위한 땔감으로도 사용되었다. 주변에서 자라는 나무들을 베다보니 숲이 재생될 틈이 없었다. 그래서 일부 유적지에서는 대들보에 사용되는 나무의 직경이 점점 줄어드는 것을 볼 수 있다. 염소의 수가 늘어난 것도 나무가 자라는 것을 방해하는 하나의 요인이었다. 사람들은 해가 바뀔 때마다 파종하기 전 모든 경작지에 불을 놓아 땅을 정리했는데(화전 농업), 그 영향으로 촌락 주변의 녹지가 점점 사라졌다. 그러면 거주민들은 지력이 남아 있는 다른 땅으로 이동해 새로운 보금자리를 만들었다.

게다가 유목 생활이 끝나고 식량을 안정적으로 확보함에 따라 인구가 증가했다. 농작물을 심고 가축을 키우기 위해 늘 새로운 땅이 필요했던 사람들은 서아시아를 떠나 다른 곳으로 이주하기 시작했다. 이들은 지역을 가리지 않고 기술을 전파했는데 북서쪽, 즉 유럽에서 특히 많은 교류가 이루어졌다.

고고학자들에 따르면 농경 집단의 이주 경로는 크게 두 가지로 나뉜다. 하나는 지중해 북쪽 해안을 따라 스페인에 도착한 경우다. 이 길을 택한 이주민의 흔적이 남은 유적지의 고유한 특징은 조개껍데기로 기하학적 무늬를 새긴 토기가 발견된다는 점이다. 이를 카르디알Cardial 문화라고 하는데, 장식에 사용된 새조개cardium에서 이름을 따왔다. 카르디알 문화인들은 유럽에 양과 염소, 밀, 보리, 렌틸콩 등을 전해주었다.

다른 사람들은 유럽 중앙에 위치한 다뉴브강을 따라 더 북쪽에 있는 프랑스의 브르타뉴 지방까지 갔다. 이들은 리본 문화라고 불리는 다른 방식으로 장식된 토기를 만들었고, 마찬가지로 소와 돼지를 데리고 갔다. 이들은 가로로 긴 장방형 모양의 집을 지었는데, 나무와 흙으로 벽을 세우고 짚으로 지붕을 이었다.

카르디알 문화와 리본 문화는 사람들의 이동을 따라 전파되었다. 이주민들은 아주 서서히 지역을 옮겨 가 4,000년이 흐른 뒤에야 겨우 대서양 연안에 도착했다. 이 농경인들은 여행 도중 수렵채집인들과 만나기도 했다. 모두 호모 사피엔스이기 때문에 교배하는 데는 문제가 없었지만 사용하는 언어뿐 아니라 생활방식이 너무나 달랐다. 두 집단은 충돌하기도 하고 융합하기도 했던 것으로 보이지만 그 비율은 알 수 없다. 중요한 점은 중석기시대 생활방식이 조금씩

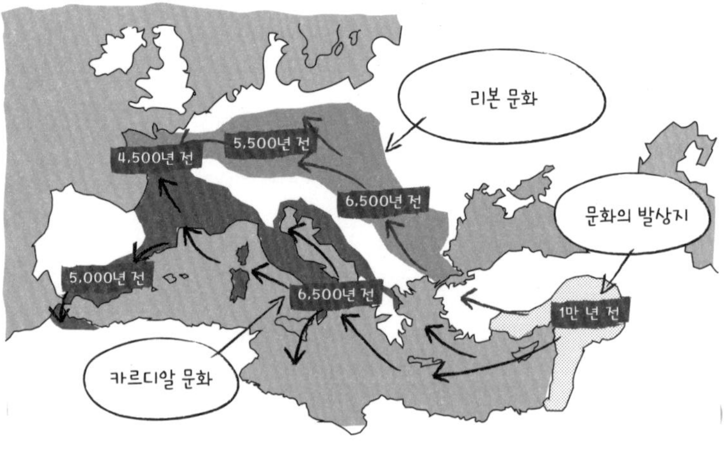

유럽의 신석기 문화 전파 경로

사라지고 신석기 문화가 세계에 뿌리내리고 있었다는 것이다.

> 《 우리 사회의 초석을 이루는 신석기시대는 희망을 보여주었다. 그때까지 역사는 그 사명과 거리가 멀었다. 》
>
> 장 길렌

고고학 유적지들은 유럽에 서서히 퍼져나간 신석기 문화의 흔적을 잘 보여준다. 프랑스 아베롱의 트레유 동굴에는 5,000년 전 신석기시대에 만들어진 분묘 유적이 남아 있다. 미토콘드리아 DNA와 Y 염색체의 분석을 통해 이곳에 매장된 유골 화석 24구의 부계와 모계 혈통을 추적했다. 이들은 공통 조상을 가지고 있었는데, 부계 조상은 지중해에 있는 아나톨리아(현재의 터키 영토) 출신이고, 모계 조상은 오래전 프랑스에 거주하던 구석기인들과 친척 관계인 것으로 나타났다.

서로 다른 두 문명이 충돌했을 때 더 폭력적인 쪽은 신석기인들이었을 것으로 보인다. 독일의 탈하임에서는 7,000년 전 행해진 학살 흔적을 찾아볼 수 있다. 이곳에서는 화살에 맞거나 돌도끼로 가격당해 죽은 34명의 남자와 여자, 아이 들이 발견되었다. 상처의 형태로 보아 가까이 사는 신석기인들의 무기에 공격당한 것 같았다. 프랑스 알자스 지방의 아셴앵에도 비슷한 유적이 남아 있다. 이곳에서는 6구의 남자 유골이 발견되었는데, 도끼에 맞아 수많은 골절상을 입은 흔적이 있었다. 유골들은 왼쪽 팔이 없는 상태였는데, 공격한 집단에서 전리품이나 과시용으로 잘라간 것으로 추정된다. 희생자가 모두 남성인 점으로 보아 기습공격을 했지만 상황이 불리하게 돌아갔던 것 같다. 마을에 있는 300개의 곡물 저장창고가 싸움의 원인이었을 수도 있다. 구석기시대에도 화살촉이 박힌 유골이 심심치 않게 발견되었지만 신석기시대 들어 폭력의 흔적이 확연히 증가했다. 정착생활로 부의 축적이 가능해진 것과 관련 있는 것으로 보인다.

또 다른 리본 문화 유적지인 독일 헤르크스하임의 묘지 유적에서는 인육을 구워 먹은 흔적이 다수 발견되었다. 이러한 식인 행위는 세상을 떠난 공동체의 일원을 기리기 위한 목적일 수도 있고 반대로 적을 해치운 것을 자축하는 의미였을 수도 있다.

신석기시대는 시작과 마찬가지로 끝도 서서히 이루어졌다. 중요한 사건이 여럿 있었지만 동시다발적으로 일어난 것은 아니다. 그중 가장 기점이 될 만한 것은 대도시의 출현이다. 5,500년 전 고대 메소포타미아 도시 우루크에는 거의 5만 명의 주민이 살았다. 소가 끄는 원판 모양의 통바퀴가 달린 수레가 처음 등장했고, 청동으로 된 도구를 만들기 시작했다. 하지만 선사시대와 역사시대의 경계를 구분 짓는 것은 무엇보다 문자의 발달이었다. 서아시아에서는 5,400년 전에 문자가 탄생했다. 서아시아 지역에서는 신석기시대가 이 시기에 막을 내렸지만, 서유럽에서는 그 후에도 수천 년 동안 더 지속되다 4,000년 전에야 청동기시대에 자리를 내주었다.

에필로그

오늘날의 사피엔스

70억 명의 현생 인류는 10만 년 전 아프리카에 살던 호모 사피엔스 몇천 명의 후손이다. 우리가 가지고 있는 형질 대부분은 이들로부터 물려받은 것이다. 우리의 옛 조상들은 전 세계로 뻗어나간 뒤에도 진화를 멈추지 않았다. 각양각색의 환경에서 살며 다른 인류들을 만났고, 스스로 생활방식에 혁신을 일으켜 변화를 선도했다. 인류의 다양성은 이러한 역사의 유산이다.

과거의 흔적

호모속이 온 대륙으로 영역을 확장한 뒤 수만 년 동안 인간은 돌연변이를 축적하고 환경에 적응했으며 고유한 문화를 발달시켰다. 유전자 교류는 끊임없이 이루어졌는데, 가까운 곳에 사는 집단 사이에서 특히 활발했다. 정복 전쟁, 탐험, 노예 이송, 경제적 목적의 이주, 단체 여행까지 서로 다른 게놈이 뒤섞일 수 있는 상황은 넘쳐났다.

현생 인류의 키와 피부색, 털의 형태, 당뇨에 대한 취약성 등은 모두 지질학적으로 최근이라고 볼 수 있는 근 5만 년 동안 결정되었다. 이 특성 중 일부는 환경에 적응한 결과로 볼 수 있지만, 모두가 그런 것은 아니다. 섬에 사는 집단처럼 수가 적고 고립된 생활을 하는 사람들에게서는 유전적 부동 현상이 나타난다. 이는 환경에 적응하려는 목적을 지닌 자연 선택과 상관없이 특정한 유전자들이 유전될 빈도가 변하는 것을 말한다. 솔로몬 제도에 사는 멜라네시아인들을 예로 들 수 있다. 이들의 고유한 특징인 까무잡잡한 피부와 금발은 TYRP1 유전자의 돌연변이로 인한 것인데, 이 돌연변이는 북유럽에서 관찰되는 것과 다른 형태를 띤다.

하지만 유전자가 모든 신체적 특징을 결정하는 것은 아니다. 사람의 키는 유전자의 영향을 받지만 유년기에 어떤 환경에서 성장했는지도 관련 있다. 그러므로 완전히 유전에 의한 것이라고는 볼 수 없는 것이다. 예를 들어 유럽에서는 20세기에 남녀 모두의 평균 키가 커졌는데, 이는 진화의 결과가 아니라 생활수준이 향상되었기 때문이다. 더 이상 탄광에서 일하지 않아도 된 아이들이 더 잘 먹고 충분한 수면을 취하게 된 것이다. 그러나 이러한 변화는 영구적인 것이 아니라서 우리가 다시 19세기 때와 같은 생활을 한다면 평균 키가 10~20cm는 줄어들 것이다. 집단 간 키의 차이는 환경 적응에 따른 결과일 때도 있다. 이누이트가 작고 다부진 이유가 열 손실을 최소화하기 위한 것처럼 말이다. 또한 문화마다 서로 다른 신체상을 선호하는 것도 이에 영향을 끼친다.

신체적 특징 중 피부색은 환경과의 상관관계가 분명하다. 어두운색의 피부는 다량의 멜라닌을 함유하고 있는데, 멜라닌은 암을 유발할 수 있는 자외선으로부터 세포를 보호하고 엽산의 파괴도 막아준다. 엽산은 태아의 신경 발달을 위해 임산부에게 필수적인 영양소로 남성의 정자 생성에도 도움을 준다. 반대로 일조량이 부족한 지역에서는 하얀 피부가 비타민 D 합성에 필요한 자외선을 더 효과적으로 흡수할 수 있어 유리하다.

멜라닌의 양은 지역의 위도와 관련이 있다. 흑갈색 색소인 멜라닌의 생성에 관여하는 10여 개의 유전자는 각각 어느 정도 활성화된 여러 종류의 대립유전자를 가지고 있다. 일반적으로 이 유전자들의 분포는 지역의 일조량에 따라 자연 선택의 영향을 받았다. 하지만 진화 속도가 호모 사피엔스의 이동 속도를 따라가지 못하는 경우도 있었다. 그렇기 때문에 수천 년 동안 유럽에 산 인류도 오랫동안 조상들의 검은 피부를 간직하고 있었던 것이다.

체다맨의 유전자는 이를 잘 보여준다. 1만 년 전 중석기시대 영국에 살았던 체다맨은 멜라닌이 풍부한 검은 피부와 푸른색 눈을 가지고 있었다. 7,000년 전 스페인에 살던 화석 인류와 놀랍도록 비슷하지만 어떠한 상관관계도 없었다. 멜라닌 합성에 관여하는 유전자

중 하나인 SLC24A5는 후에 유럽인의 피부색이 옅어지는 데 크게 일조한다. 이 유전자의 변이형 대립유전자인 Ala111Thr는 6,000년 전 서아시아에서 온 초기 농경인들을 통해 서유럽에 전해졌다. 스칸디나비아 사람들의 피부가 하얀 것이 중앙아시아로부터 온 유전자 때문이라는 분석도 있다. 후기 구석기시대 유럽 호모 사피엔스는 수는 적었지만 큰 다양성을 보유하고 있었다. 크로마뇽인은 우리가 생각하는 것보다 피부색이 훨씬 어두웠을 가능성이 큰 것이다.

이런 점으로 보아 적은 일조량은 자연 선택에 그렇게 큰 영향을 미치지 않았던 것 같다. 아마 수렵채집인들은 음식을 통해 비타민 D를 충분히 섭취했던 모양이다.

이와 달리 신석기인들이 먹는 음식은 영양 면에서 질이 더 떨어졌다. 그래서 농경생활을 하는 북쪽 거주민들에게는 피부색이 옅어지는 것이 굉장히 중대한 문제였다. 유전자 SLC24A5의 변이체가 급속도로 퍼진 것은 바로 이런 까닭이다. 오늘날 유럽인의 95%는 이 유전자를 가지고 있다.

푸른 눈은 다른 형태의 자연 선택, 즉 성 선택의 결과로 보인다. 푸른 눈은 유전적으로 여러 종류가 존재하지만 유럽인들의 푸른 눈은 6,000~1만 년 전에 나타난 단 하나의 돌연변이와 관련이 있다. 이 형질은 피부색과 비교했을 때 그렇게 중요해 보이지 않는데 왜 유전된 것일까? 푸른 눈에 관여하는 유전자 변이체는 피부색이 밝아지는 데도 조금은 관여한다. 하지만 이것만으로는 이 유전자가 전파된 이유를 설명하기에 충분하지 않다. 발현되는 다른 유전자 옆에 붙어 있다가 별다른 이유 없이 덩달아 보존된 것일까? 찰스 다윈은 유전자의 존재를 몰랐지만 색다른 설명을 제시한다. 바로 인간은 흔치 않은 것에 마음이 끌린다는 것이다. 이런 점 때문에 푸른 눈을 가진 사람들은 후대에 자손을 남길 확률이 더 높았을 수도 있다. 그렇게 해서 자손들도 계속 번식에 유리한 형질인 푸른 눈을 가지고 태어나는 것이다.

한 사회에서 선호하는 신체상이 영향을 미친 형질은 눈 색깔만이 아니었다. 체모는 오늘날 그 양과 형태가 인구집단마다 다르게 나타난다. 인류의 성적 이형성은 털에서 뚜렷하게 나타나는데, 이는 아마도 먼 조상들의 취향과 관련 있는 것으로 보인다. 그렇다면 남자만 수염이 나는 것은 여자가 수염이 난 남자를 선호해서일까, 아니면 반대로 남자가 수염이 없는 여자를 선호해서일까? 이처럼 오늘날 각 집단이 서로 다른 특징을 가지는 이유는 선호하는 이성상이 각각 다르기 때문일 수도 있다.

다양성의 유전학

인간의 DNA는 사슬처럼 연결된 뉴클레오티드 32억 개로 이루어져 있는데, 그중 개인마다 달라질 수 있는 것은 500만 개 정도다. 무작위로 고른 두 사람의 DNA를 분석하면 이들의 유전자는 99.6%

일치한다. 유전자만 가지고 보면 인간은 침팬지보다 다양성이 적다.

인간에게서 다양성이 존재하는 이유는 바로 개인에게서 발생하는 돌연변이의 빈도 때문이다. 한 집단의 모든 구성원이 같은 돌연변이를 가지는 경우는 없다. 다시 말해 개인에게서 발생하는 돌연변이는 특정 대륙이나 집단에 한정되지 않는다.

많은 연구가 한 집단 내 개인 간 유전자 다양성이 서로 다른 대륙에 사는 두 집단의 평균적인 유전자 다양성보다 더 크다는 것을 보여준다. 어떤 집단이건 인간의 유전자 다양성의 80%를 가지고 있다. 외형적으로는 그렇지 않지만 칼라하리 사막의 부시먼족 두 명은 유럽인과 아시아인 두 명보다 유전자 차이가 더 클 수도 있는 것이다.

개인 간 유전적 차이는 크지 않지만 그 분포 방식은 일정한 지형을 그리고 있다. 한 집단을 구분 짓는 고유한 특성은 존재하지 않지만, 개개인의 특성을 종합해보면 특정 대륙에서 빈번하게 존재하는 DNA를 찾아낼 수 있다. 하지만 한 사람의 출신을 안다고 해서 그 사람의 유전자를 추측하는 것은 불가능하다.

수천 명의 유전자를 분석한 연구들은 지역에 따라 서로 다른 인구집단이 존재한다는 사실을 밝혀냈다. 전 세계인을 7개 집단(사하라 이남 아프리카인, 유럽인, 중동인, 중남아시아인, 동아시아인, 오세아니아인, 아메리카인디언)으로 나누는 연구가 있는가 하면 유럽, 북아프리카, 서남아시아와 같이 3개 그룹으로 분류하는 연구도 있다. 서남아시아에는 아시아 전 지역과 오세아니아, 아메리카가 포함된다.

지리학적으로 가까운 곳에 있는 사람들은 유전적으로 유사한 경향을 보였다. 또한 동서 축보다는 남북 축을 기준으로 보았을 때 더 큰 유전자 차이를 관찰할 수 있었다. 환경에 적응하기 위한 변화가 위도에 따라 더 다양한 양상으로 나타난 것이다.

인종은 존재할까?

역사적, 문화적 측면에서 인류의 다양성을 이야기할 때 인종이 존재하는가에 대한 문제는 빼놓을 수 없는 주제이다. 물론 이 문제는 굉장히 민감한 사안이다. 인류의 오랜 역사 동안 종을 분류하고자 하는 행위는 인종을 서열화하려는 목적을 가진 경우가 많았고, 특정한 종을 말살시키려는 시도로까지 이어졌기 때문이다. 그 근거가 되는 유사과학의 뒷면에는 정치적, 경제적 이익을 얻으려는 의도가 숨겨져 있었다.

20세기에 나치가 인종말살정책을 자행한 뒤, 1965년 유엔 총회는 모든 형태의 인종차별 철폐에 관한 국제협약을 채택했다. 프랑스에서는 인종이 공식적인 분류 기준이 아니며, 응답자를 인종으로 분류하는 조사도 금지되어 있다. 하지만 프랑스와 달리 많은 국가에서는 사람들이 자신이 어떤 인종에 속하는지 직접 표시해야 한다. 예전처럼 백인, 흑인, 황인의 전통적인 3대 인종이 아니라 피부색과 지리학적 출신지를 고려한 선택지가 제시된다. 예를 들어 미국의 인종 범주는 흑인, 백인, 히스패닉, 아메리카인디언으로 나뉜다.

오늘날 생물학에서는 더 이상 전통적인 인종의 개념을 인정하지 않는다. 인종을 분류하는 것은 합당한 이유가 없고, 사회에 악영향을 끼칠 뿐 아니라, 그 자체에 논리적 오류가 있기 때문이다. 하지만 대부분 현대인은 여전히 인종의 구분을 당연한 것으로 여긴다. 인간을 분류하는 것이 불가능한 일임에도 '인종은 존재하지 않는다'고 하면 상식에 어긋나는 것처럼 느낀다. 우리가 세계를 인식하는 태도와 과학 사이에 괴리가 존재하는 것이다. 이러한 현상은 인종에만 한정되지 않는다. 여전히 태양이 지구 주위를 돌고 있다고 믿는 사람들이 있는 것처럼 말이다.

과학적 사실과 사람들의 일반적 인식 사이에 왜 이런 괴리가 나타나는 것일까? 사람들은 어떤 정보를 이해하려고 할 때 가장 극단적인 예를 인식하는 경향이 있다. 그리고 그 과정에서 중간에 위치한 것들은 모두 잊어버린다. 때로는 중간에 있는 경우들이 수적으로 훨씬 많은데도 말이다. 물론 노르웨이인과 일본인은 차이점이 있고, 이 두 집단을 합쳐놓았을 때 누가 어떤 국가에 속하는지 가려내는 것은 어렵지 않다. 하지만 그렇다고 해서 이들을 '노르웨이인종'과 '일본인종'으로 나누거나, '백인'과 '황인'으로 분류할 수는 없다. 이러한 분류는 서유럽과 극동지방 사이에 사는 사람들과 이 두 범주에 명확하게 속하지 않는 이들을 모두 배제하기 때문이다.

생물학에서 인종의 의미

생물학자들에게 품종race[3]은 야생종 중 다른 집단과 단절되어 살아가고, 크기와 형태, 행동이 명확하게 구별되는 집단을 일컫는다. 이 용어는 아종이나 식물에 주로 쓰이는 용어인 변종variety과 거의 유사한 의미를 지닌다. 품종은 후에 새로운 종을 탄생시킬 수도 있는 부모종으로부터의 분화 단계를 뜻하기도 한다.
품종의 또 다른 의미는 번식업과 관련 있다. 번식업자들은 애완동물의 교배를 엄격하게 통제해 샴고양이나 오브락 소와 같이 구별되는 품종의 동물들을 탄생시킨다.
하지만 이 두 정의 중 인간에게 적용할 수 있는 것은 없다. 인간은 번식이 통제되지도 않고 고립된 생활을 하지도 않기 때문이다.

인류를 전통적인 '3대 주요 인종'으로 분류하는 기준은 단 하나, 바로 피부색이다. 그러나 사실 피부색은 어떤 인구 집단에 속하는가와 상관없이 얻어지는 특성이다. 아프리카, 인도, 오스트레일리아에 거주하는 어두운 피부색을 가진 집단들은 서로의 집단보다는 인접 지역에 거주하는 피부가 하얀 집단들과 계통상 더 가깝다.

이는 너무나 명백한 사실이었기에 인종을 분류하려 했던 초기 인류학자들은 하위 범주를 만들어야 했다. 이렇게 계속 새로운 범주

3 프랑스어에서는 품종을 뜻하는 race라는 용어가 모든 생물에 쓰이는 반면, 한국어에서는 대상이 사람일 때는 인종, 동식물일 때는 품종이라는 말을 쓴다.

를 만들다 보니 수십 개에 달하는 인종이 탄생했고, 그 개념이 민족과 집단, 국민의 개념과 뒤섞이는 상태에 이르렀다. 인종은 생물학적 사실을 배제한 상태에서 형태학적, 지리학적, 문화적, 종교적 기준을 느슨하게 적용한 사고의 원형일 뿐이다.

그러나 일부 과학자와 기업들은 인종을 분류하는 것이 의학적으로 도움이 된다고 주장한다. DNA 염기서열 분석에 관한 새로운 기술이 등장하면서 유전자를 기반으로 한 맞춤형 의료 서비스가 현실로 다가왔다. 개개인의 다양한 병에 대한 취약도와 치료법에 대한 반응의 차이를 알 수 있게 된 것이다. 이는 '10만 게놈 프로젝트'가 달성하고자 하는 목표이기도 하다. 영국과 중국 등의 국가에서는 이 프로젝트를 위해 초대형 규모의 유전자 정보 은행을 구축하고자 한다. DNA 염기서열 분석 전문 기업들은 잠재적 유해성을 지닌 모든 돌연변이에 대한 상세한 정보를 담고 있는 인간 게놈 지도를 만드는 데 힘쓰고 있다.

특정 집단에서 발생 빈도가 더 높은 질병이 있다. 예를 들어 아슈케나지 유대인들에게서는 유방암의 위험을 높이는 BRCA-1과 BRCA-2 유전자의 돌연변이가 자주 나타난다. 또한 겸상적혈구빈혈증을 일으키는 돌연변이는 사하라 이남 아프리카인에게서 더 흔하게 발생하는데, 말라리아로부터 신체를 방어하는 기능을 하기 때문이다.

오늘날 연구소들은 조상의 지리학적 출신을 알아낼 수 있는 '조상 찾기 검사'를 해주고, 제약회사들은 특정 공동체 집단에 특화된 약을 개발한다. 2005년 흑인 전용 심부전 치료제로 시장에 출시된 비딜BiDil처럼 말이다. 그러나 비딜은 과학적으로 적합하지 않고, 인종이라는 불확실한 개념을 내세우는 것이 위험을 초래할 소지가 있다는 점에서 비난의 대상이 되었다.

그렇지만 특정 집단에 더 빈번하게 발생하는 질병이 있다고 해서 그 질병의 원인이 유전자에 있다고는 할 수 없다. 어떤 사회적, 문화적 환경에서 자라왔는지 등의 요소들도 함께 고려해야 하기 때문이다.

의학적 측면에서는 '인종'보다 집안 내력이 더 유용한 정보이다. 인종은 생물학적 사실이라기보다는 문화적 개념이기 때문이다. 유럽과 미국에서 유럽인과 아프리카인 부모 사이에서 태어난 아이는 문화적으로 '흑인'이라고 여겨지지만, 생물학적 측면에서 이는 어떠한 의미도 가지지 않는다.

게놈 분석을 사용하는 또 다른 분야의 의학은 인류의 진화를 토대로 질병을 연구하는 진화의학이다. 진화의학의 목표 중 하나는 **구석기시대**에 자연 선택 대상이 된 유전자들이 조상들과 완전히 다른

« 호모 사피엔스는 운 좋은 나무의 한 가지에서 우연히 뻗어나간 줄기에 아무도 예기치 못하게 움튼 싹이다. »

스티븐 J. 굴드, 1989

생활환경과 식습관을 가지고 있는 현생 인류에게 왜 부정적인 영향을 끼치게 되었는지 밝히는 것이다.

미래의 인류는 어떤 모습일까?

지구상에 등장한 이후 끊임없이 중대한 해부학적, 정신적 변화를 겪어온 인류가 앞으로 어떤 모습으로 진화할지 상상하는 것은 흥미로운 일이다. 미래의 인류를 상상할 때 우리는 논리적으로 보이는 두 가지 종류의 변화를 생각할 수 있다. 과거 인간에게 일어난 진화가 미래에도 지속되어, 새로운 환경과 생활양식에 적응하기 위한 또 다른 변화가 일어나는 것이다. 그래서 우리는 미래인이라고 하면 종종 야윈 몸, 커다란 머리, 초소형 키보드에 맞게 변형된 엄지손가락, 장시간 모니터를 볼 수 있게 진화한 눈을 가진 모습을 떠올리곤 한다.

하지만 이러한 상상은 진화의 메커니즘을 제대로 이해하지 못한 결과이다(28쪽 '인류의 진화, 다윈 vs 라마르크' 참조). 인간에게 더 길고, 강하고, 민첩한 손가락이 필요하다고 하더라고 실제로 그렇게 될 가능성은 전혀 없다. 유전적으로 이러한 형질을 가지고 있는 사람이 자연 선택에 의해 생존과 번식에서 더 유리해진다면 또 모를 일이다. 그러나 이러한 상황은 일어나지 않을 가능성이 크므로, 우리의 엄지손가락은 형태와 기능 면에서 오랫동안 현재와 같은 상태를 유지할 것이다.

머리의 크기도 마찬가지이다. 인간의 진화는 신체의 해부학적 구조의 제약을 받는다. 머리와 뇌의 크기가 증가하고, 뇌의 성능이 더 향상되면 일상생활에 큰 이점이 있을 뿐 아니라 더 많은 자손을 남길 수 있다고 생각할 수도 있다. 하지만 그렇게 된다면 출산은 훨씬 더 고통스러운 시련이 될 것이다. 이 문제는 태아가 배 속에서 성장하는 시간이 줄어들면 해결될 수도 있지만, 미숙아 출산에는 또 다른 위험이 뒤따른다. 골반의 형태가 변화하면 출산이 더 수월해질 수도 있지만, 그렇게 되면 신체 구조상 이족보행이 불가능할 수도 있다.

눈에는 잘 띄지 않지만 진화에 대해 얘기할 때 빠지지 않고 거론되는 신체 부위인 사랑니에서 변화가 일어날 수도 있다. 세 번째 어금니인 사랑니는 보통 성장이 끝날 무렵에 자라는데, 생활에 불편함을 초래해 병원에서 발치하는 경우가 많다. 세계 인구의 약 20%는 사랑니가 아예 나지 않거나 일부만 난다. 과거로 거슬러가보면 옛 인류는 진화하면서 턱뼈가 작아졌고 이에 따라 사랑니가 제대로 자라는 것이 힘들어졌다. 사랑니에는 충치나 종양이 흔하게 발생했고, 사랑니가 자라서 주변에 난 이나 턱뼈가 손상될 때도 있었다. 구석기시대에는 감염을 통해 죽음에 이를 수도 있는 일이었다. 이러한 이유 때문에 사랑니는 음성 선택의 압박을 받게 된다. 하지만 오늘날 적어도 선진국에서는 이러한 음성 선택이 사라졌다. 돌연변이가 축적된다고 하더라도 자연 선택이 일어나지 않기 때문에 진화가 멈춘 것이다.

그러나 인류가 진화의 마지막 단계에 도달해 더 이상 진화하지 않을 것이라고 생각할 이유는 전혀 없다. 자연 선택이 과거처럼 엄격하게 유전자를 제어하지는 않지만 게놈에 돌연변이가 축적되며 70억 명에 달하는 인류의 다양성은 구석기시대에 비해 현저하게 증가했다.

영아 사망률이 대폭 감소했고, 의학과 약의 발달로 치명적인 병에 걸리더라도 생존할 수 있게 되었으며, 예전이었다면 불임이었을 사람들도 아이를 낳을 수 있게 되었다. 그렇다면 인류는 앞으로 어떻게 진화할까?

인류는 여전히 일부분 자연 선택의 영향을 받고 있다. 박테리아나 바이러스로 치명적인 전염병이 창궐하면 선천적으로 면역력을 지닌 사람이 있는 반면, 이로 인해 목숨을 잃는 사람도 있다. 무자비한 자연 선택의 결과에 따라 적응한 사람만 삶을 부지하고 그렇지 않은 사람은 세상을 떠나는 것이다. 전염병이 한 차례 지나가면 병에 저항력이 있는 사람의 사망률이 훨씬 낮기 때문에 그 병에 대한 전체 인구의 면역력이 한층 높아진다.

오늘날 우리는 에이즈의 원인인 HIV 바이러스의 감염에서 비슷한 현상을 관찰할 수 있다. CCR5 유전자는 HIV 바이러스가 림프구를 공격하는 데 관여하는 반면, 그 변이형 CCR5-Δ3.2는 바이러스의 활동을 차단한다. 유럽과 서아시아의 인구 10%에서 나타나는 이 돌연변이는 천연두와 같은 다른 중증 질환에 대항하는 역할을 하는 것으로 보아, 과거에 자연 선택 대상이었다고 추론할 수 있다. 이 돌연변이는 아프리카에서 훨씬 드물게 관찰되지만, 현재는 HIV 바이러스가 사망 원인이 되는 만큼, 감염이 가장 많이 발생하는 집단을 중심으로 강력한 자연 선택이 일어나고 있다.

마찬가지로 선진국에서 불임의 원인으로 거론되는 환경 호르몬 등 합성분자의 경우에도 민감성이 더 낮은 집단이 존재한다. 이러한 화학물질에 저항성을 가지고 있는 사람은 더 많은 자손을 남길 확률이 높기 때문에, 이 형질은 자연 선택 대상이 될 가능성이 굉장히 높다. 물론 인류가 계속해서 합성분자에 노출된다는 전제하에 말이다. 그렇게 되지 않기를 바라지만, 만약 그렇게 된다면 이런 방향으로의 진화는 일어나지 않을 것이다.

이처럼 겉으로 잘 드러나지 않는 생리학적 진화는 수 세기가 흐른 뒤에야 눈에 띄는 변화를 일으킬 수 있다. 더 뚜렷한 해부학적 변화가 일어나기까지는 훨씬 더 오랜 시간이 걸린다. 인류의 미래가 어떨지 상상하는 것이 헛된 일일 만큼 수천 년 뒤에야 그 결과를 알 수 있을 것이다.

더 먼 미래인 수백만 년 후에는 호모 사피엔스도 현재 인류의 신체 구조와 생물학적 기능 및 체계를 크게 해치지 않는 선에서 무한 가지 형태로 진화할 수 있다. 공상과학에서는 불가능한 것이 없으니 말이다.

인류의 진화 방향을 제어하려는 헛된 욕망

19세기에 등장한 우생학자들은 인간의 출생을 '과학적'으로 통제해 인류를 개량해야 한다고 주장했다. 흔히 인종차별주의적 사고로 여겨지는 우생학은 20세기 나치의 민족말살정책으로 인해 학문으로서 신뢰를 잃는다. 스웨덴과 미국에서는 이 정책이 1970년까지 계속되었으며, 이로 인해 전 세계에서 수백만 명이 강제로 불임수술을 받았다.

이러한 우생학적 사고는 인공수정과 DNA 염기서열 분석 기술의 발달로 다시 수면에 떠오르고 있다. 인공수정을 할 때 심각한 유전병이 있는 배아를 자궁에 이식하는 것을 피하기 위해 착상 전에 유전자 진단을 하는 것에 반대할 사람은 아무도 없을 것이다. 그런데 문제는 같은 방법을 이용해 부모가 원하는 유전자를 골라서 수정할 수도 있다는 것이다. 또 인간 게놈의 수많은 염기서열을 분석하려는 프로젝트들은 체형과 피부색, 지능, 성격 등에 관여하는 각각의 유전자를 알아내는 것을 목표로 삼고 있다.

이러한 프로젝트들은 허황될 뿐 아니라 위험하기까지 하다. 먼저 허황된 이유는 유전자가 현재 우리의 모습을 100% 결정하는 것이 아니기 때문이다. 어떤 사회의 어떤 가족 사이에서 성장했는지는 결코 간과할 수 없는 중요한 요소이며, 유전자의 '질'은 생활환경에 큰 영향을 받을 때가 많다. 또 이런 프로젝트가 위험한 이유는 유전자를 선택하는 것이 사회에 큰 제약을 초래할 수 있기 때문이다. 중국에서는 배아와 태아의 성별을 구분하는 것이 가능해지자 남아 출생률이 치솟는 비극적 상황을 맞았다.

그뿐만 아니라 배아 조작은 종류를 불문하고 '선택'되었거나 변화가 가해진 배아의 후손들에게까지 장기적인 영향을 끼칠 수 있다. 오늘날 인간 배아의 조작은 대부분의 국가에서 금지되어 있다. 하지만 이 윤리적 장벽은 재정적, 정치적 압력으로 언젠가 무너질지도 모른다.

반면 트랜스휴머니즘은 합성생물학, 신경과학, 나노 기술, 컴퓨터 공학 등 학문의 융합을 통해 인간의 생물학적 한계를 뛰어넘는 것을 꿈꾼다. 단순히 육체의 부족한 부분을 보완하는 것이 아니라 신체적, 정신적 능력을 '확장'하면서 말이다.

인간의 본성을 변화시키려는 우생학과 달리 트랜스휴머니즘은 개개인을 중시한다. 하지만 트랜스휴머니스트 중에서 영생할 수 있다는 달콤한 환상을 팔면서 전 인류의 미래와 관련된 장기적인 목표를 설파하는 이들도 있다.

최근 역사를 살펴보면 인류의 진화 방향을 이끌고 '새로운 인간'

을 만들려는 시도는 늘 민족말살이나 정해진 기준에서 벗어난 이들의 학살로 이어졌다. 인류의 진화를 통제하려는 꿈(혹은 악몽)은 자원의 무분별한 개발, 인구 과잉, 전염병, 빈곤 등 인류를 위협하는 중대한 문제를 하나도 해결하지 못한다. 인류를 변화시키고 싶다면 새로운 시각으로 세계를 바라보면서 동시에 현재 우리 인류의 모든 다양성을 고려해야 할 것이다.

용어 해설

DNA 디옥시리보핵산(DNA)은 생물의 생장과 기능에 필요한 수많은 정보를 암호화하여 저장하고 있는 분자이다. 인간의 DNA는 4개의 염기(A, T, C, G)로 된 뉴클레오티드 32억 개가 사슬처럼 연결된 결합체이다. 모든 세포는 DNA가 담겨 있는 실타래 모양 구조물인 염색체를 가지고 있다.

DNA 염기서열 DNA를 구성하는 염기인 아데닌(A), 티민(T), 구아닌(G), 시토신(C)의 배열을 말한다.

DNA 염기서열 분석 개인이 가지고 있는 DNA 조각이나 전체 DNA의 염기서열을 알아내는 것을 말한다.

게놈 한 생물체가 가진 모든 DNA로, 염색체 속에 있는 핵 내 DNA와 미토콘드리아 DNA로 구분할 수 있다. 개인의 게놈은 그 사람의 유전자형을 뜻한다.

계통수 공통 조상에서 갈라진 종 사이의 혈통 관계를 보여준다. 척추동물과 포유동물 등 대규모 동물군이나 호모닌, 호모속 등의 계통수를 그릴 수 있다.

고생물종 멸종해서 화석으로만 존재가 알려진 동물종이나 식물종을 말한다.

고인류학 인류의 기원과 진화를 연구하는 학문이다.

구석기시대 선사시대에서 가장 오래된 시기로, 호모속이 등장하고 최초의 석기가 제작된 약 300만 년 전에 시작되어 빙하기가 끝날 무렵인 1만 2,000년 전에 막을 내린다.

구세계 아프리카와 아시아 대륙을 일컫는 말로, 과거에 신세계로 불렸던 아메리카 대륙에 대한 대조적 의미로 사용된다. 구세계는 유럽인들이 오스트레일리아와 남극 대륙을 발견하기 전부터 사용되던 명칭이다.

대립유전자 유전자가 가지고 있는 염기서열이 일부 다른 변이체들을 대립유전자라고 한다. 대립유전자는 발현될 수도 있지만, 완전히 불활성화되는 경우도 있다.

돌연변이 DNA의 염기서열이 우연히 변형되는 것을 가리킨다. 다양한 대립유전자와 하플로그룹이 존재하는 것은 돌연변이 때문이다. 돌연변이가 발생한 유전자는 대부분 과거와 다르게 기능한다.

마지막 공통 조상 두 종이 공유하는 가장 최근의 조상종으로, 알려지지 않은 경우가 대부분이다.

망치 고인류는 돌이나 뼈, 사슴뿔로 만들어진 망치를 연속해서 두드려 몸돌의 파편을 떼어내며 석기를 다듬었다.

모자이크 모든 신체기관이 같은 속도로 진화하는 것은 아니기 때문에 화석종은 일반적으로 조상형질과 파생형질이 뒤섞여 있다. 조상들과 유사한 뇌를 가지고 있지만 이족보행을 할 수 있게 신체골격이 진화한 호미닌 화석들이 그 예이다.

무스티에 문화 네안데르탈인과 아프리카 옛 호모 사피엔스가 영위한 문화이다.

미토콘드리아 DNA(mtDNA) 화학 에너지 생성에 필요한 세포의 소기관인 미토콘드리아에 있는 DNA이다. 미토콘드리아 DNA는 난자를 통해 모계로만 유전된다.

번역 세포가 필요한 분자를 생성하기 위해 DNA 속 유전정보를 해독하는 과정을 말한다.

분지론적 분석 생물종이 공유하는 새로운 특징(파생형질)을 토대로 계통수를 구성하는 방법이다.

성적 이형성 같은 종에 속하는 암컷과 수컷 사이의 생식기를 제외한 해부학적 차이를 말한다.

신석기시대 중석기시대 이후 등장하는 시기로 서아시아에서 1만 년 전에 시작되었다. 신석기시대에는 농경과 가축사육이 자리 잡아 수렵채집경제가 생산경제로 바뀐다.

아슐리안 문화 20만~140만 년 전 호모 에렉투스와 호모 하이델베르겐시스의 석기 문화로, 주먹도끼의 제작이 대표적인 특징이다.

양성 선택 진화 과정에서 생존이나 번식을 더 유리하게 만드는 돌연변이 등의 게놈 변화를 말한다. 반대로 수명이나 생식률에 악영향을 끼치는 돌연변이는 음성 선택의 대상이 된다.

염색체 DNA를 지니고 있는 실타래 모양의 구조물로, 개개인의 유전정보를 담고 있다.

영장류 원숭이, 여우원숭이와 이들의 모든 공통 조상에 속하는 동물을 말한다.

오레오피테쿠스 이탈리아와 동아프리카에서 발견된 영장류 화석으로 700만~900만 년 전에 생존했다. 몇몇 고생물학자는 오레오피테쿠스가 직립보행했다고 주장하지만 왜 직립보행하게 되었는지에 대해서는 의견이 분분하다.

올도완 문화 인간이 영위한 가장 오래된 문화(130만~330만 년 전)로, 거칠게 다듬은 석기가 특징이다.

유전자 단백질 등 세포에 필요한 물질을 생성하기 위해 필요한 정보를 담은 DNA 조각이다.

유형성숙 진화를 통해 성장 단계의 순서가 변화해 어른이 되어서도 아이나 청소년의 특성을 간직하고 있는 것을 뜻한다.

잔석기 규석이나 흑요석으로 된 크기가 작은 석기이다. 대부분 작살이나 낫 등 다른 도구에 결합되었다.

적응 동식물종이 주변 환경의 변화에 대응하기 위해 진화하는 것을 말한다.

적응성 유전자 이입 네안데르탈인과 호모 사피엔스의 교배에서처럼 한 종의 유전자가 다른 종에 전달되는 것을 유전자 이입이라고 한다. 이렇게 이입된 유전자가 쓸모 있다는 것이 밝혀지고 자연 선택에 의해 게놈에 보존될 경우 적응성 유전자 이입이라고 한다.

전기 구석기시대 올도완 문화와 아슐리안 문화가 존재하던 시기이다.

조상형질 한 종이 조상과 공유하는 특성으로, 원시형질이나 근거리형질이라고도 한다. 예를 들어 우리가 엄지손가락을 안으로 굽힐 수 있는 것은 조상형질이다. 적어도 5,000만 년 전부터 모든 유인원이 이 같은 특성을 가지고 있기 때문이다.

종 생물학적으로 서로 교배가 가능하거나 조상과 후손 관계인 생물의 집단을 뜻한다. 화석의 해부학적 특징을 토대로 분류하는 고생물학에는 이러한 기준이 적절하지 않다.

주먹도끼 대칭 형태를 이루는 아몬드 모양의 석기로 연장이나 무기로 사용되었다.

중기 구석기시대 약 30만 년 전에 시작되었으며 유럽에서는 네안데르탈인이 무스티에 문화를 영위하던 때이다.

중석기시대 구석기시대와 신석기시대 중간 시기로 빙하기가 끝날 무렵에 시작되어 가축사육과 농경생활을 하면서 끝맺는다. 중석기시대는 사냥, 어업, 채집경제였으며 작은 돌날인 잔석기를 만들었다.

진화 지구상에 태초의 생명체가 등장했을 때부터 시작된 생물의 출현과 변화의 역사를 말한다.

파란트로푸스 건장한 골격에 어금니가 유달리 큰 오스트랄로피테쿠스의 모든 친척종으로 100만 년 전 지구상에서 멸종했다.

파생형질 한 종이 지닌 특성 중 과거에 진화를 통해 변화해서 조상들의 특성과 차이를 보이는 것을 파생형질 혹은 원거리형질이라고 한다. 인간의 엄지발가락이 안으로 굽어지지 않는 것은 다른 유인원들과 구별되는, 인간의 계보에서만 나타나는 현상이기 때문에 파생형질이다.

프로콘술 화석 영장류의 한 속으로, 가장 오래된 표본은 2,400만 년 전 중신세에 살았던 것으로 추정된다.

피테칸트로푸스 외젠 뒤부아가 1891년 자바섬에서 발견한 머리덮개뼈 화석은 처음에는 피테칸트로푸스 에렉투스라고 명명되었다가 1950년에 호모 에렉투스로 재분류되었다.

하플로그룹 여러 개의 유전자로 구성된 DNA 조각으로 염기서열이 개인과 집단마다 상이하다. 하플로그룹은 돌연변이의 축적에 따라 각각 다르기 때문에 계통학적 관계를 추적하는 것이 가능하다.

호미니드 오랑우탄, 침팬지, 보노보, 고릴라, 현생 인류, 조상 인류 등의 유인원을 포함하는 영장류 집단이다.

호미닌 계통상 침팬지보다 호모 사피엔스와 가까운 모든 영장류를 포함하는 군이다. 투마이, 오로린 투게넨시스, 오스트랄로피테쿠스, 파란트로푸스, 모든 호모 속이 이에 속한다.

후기 구석기시대 호모 사피엔스가 출현하는 시기로 약 4만 년 전 유럽에서 시작되어 1만 년 전 빙하기가 끝나며 막을 내린다.

참고문헌

일반 자료

단행본

Bouvet J.-F., *Mutants : A quoi ressemblerons-nous demain?*, Flammarion, 2014.

Braga J. *et al.*, *Origines de l'humanité : les nouveaux scénarios*, La Ville Brûle, 2016.

Brunet M., *Nous sommes tous des africains*, Odile Jacob, 2016.

Cohen C., *Femmes de la Préhistoire*, Belin, 2016.

Coppens Y., *Devenir humains*, Autrement, 2015.

Guilaine J., *Caïn, Abel, Ötzi : L'héritage néolithique*, Gallimard, 2011.

Harder J., *Beta... civilisations : Volume 1*, Actes Sud, 2014.

Hublin J.-J., *Quand d'autres hommes peuplaient la Terre : Nouveaux regards sur nos origines*, Flammarion, 2011.

Otte M., *Cro Magnon : Aux origines de notre humanité*, Perrin, 2008.

Pääbo S., *Néandertal : À la recherche des génomes perdus*, Les liens qui libèrent, 2015.

Patou-Mathis M., *Néandertal de A à Z*, Allary, 2018.

Périno L., *Pour une médecine évolutionniste: Une nouvelle vision de la santé*, Seuil, 2017.

Picq P., *Premiers hommes*, Flammarion, 2018.

Raymond M., *Cro-Magnon toi-même : Petit guide darwinien de la vie quotidienne*, Seuil, 2008.
Waal F. de, *Le singe en nous*, Fayard, 2011.

과학 잡지

Demoule J.-P., 《Le Néolithique: À l'origine du monde contemporain》, *Documentation photographique*, mai-juin 2017.
《Évolution: La saga de l'humanité》, *Pour la science*, dossier n° 94, janvier-mars 2017.
《L'odyssée de l'homme: Le scénario de nos origines se précise》, *La Recherche*, hors-série dossier n° 17, mars-avril 2016.

최근 논문

초기 호미닌과 오스트랄로피테쿠스

Berger L. *et al.*, 《*Australopithecus sediba*: A new species of Homo-like Australopith from South Africa》, *Science*, 2010, 328: 195-204.
Weiss Robin A., 《Apes, lice and prehistory》, Journal of Biology, 2009, 8: 20.
White Tim D. *et al.*, 《Neither chimpanzee nor human, Ardipithecus reveals the surprising ancestry of both》, *PNAS*, 2015, 112(16): 4877-4884.

고대 인류

Berger L. R., Hawks J., de Ruiter D. J. *et al.*, 《*Homo naledi*, a new species of the genus Homo from the Dinaledi Chamber, South Africa》, 2015 ; 4: e09560, DOI: 10.7554/eLife.09560.
Callaway E. *et al.*, 《The discovery of *Homo floresiensis:* Tales of the hobbit》. *Nature*, 2014, 514(7523): 422-6.

Reich D., Green R. E., Pääbo S. *et al.*, 《Genetic history of an archaic hominin group from Denisova Cave in Siberia》, *Nature*, 2010, 468: 1053 – 1060.

Sala N., Arsuaga J. L. *et al.*, 《Lethal Interpersonal Violence in the Middle Pleistocene》, *PLoS One*, 2015, 10(5): e0126589.

Sandgathe D. M. et Berna F., 《Fire and the Genus *Homo*: An Introduction to Supplement 16》, *Current Anthropology 58*, 2017, S16: S165-S174.

네안데르탈인

Lordkipanidze D., Ponce de Léon M. S. *et al.*, 《A Complete Skull from Dmanisi, Georgia, and the Evolutionary Biology of Early Homo》, *Science*, 2013, 342(6156): 326-331.

Prüfer K., Racimo F., Pääbo S. *et al.*, 《The complete genome sequence of a Neandertal from the Altai Mountains》, *Nature*, 2014, 505(7481): 43-49.

Roebroeks W. et Soressi M., 《Neandertals revised》, *PNAS*, 2016, 113(23): 6372-6379.

사피엔스

Miller G. *et al.*, 《Human predation contributed to the extinction of the Australian megafaunal bird *Genyornis newtoni*～47 ka》. *Nature Communications*, 2016, 7(10496).

Neubauer S., Hublin J.-J. et Gunz P., 《The evolution of modern human brain shape》, *Science Advances*, 2018, 4(1): eaao5961.

선사시대인의 유전자

Brace S. *et al.*, 《Population Replacement in Early Neolithic Britain》, https://doi.org/10.1101/267443.

Fan S. *et al.*, 《Going global by adapting local: a review of recent human adaptation》, *Science*, 2016, 354(6308): 54-59.

Field Y. *et al.*, 《Detection of human adaptation during the past 2000 years》, *Science*, 2016, 354(6313): 760-764.

Lacan M. *et al.*, 《Ancient DNA reveals male diffusion through the Neolithic Mediterranean route》, *PNAS*, 2011, 108(24): 9788-9791.

Mallick S., Li H., Lipson M. *et al.*, 《The Simons Genome Diversity Project: 300 genomes from 142 diverse populations》, *Nature*, 2016, 538(7624): 201-206.

Mathieson I. *et al.*, 《Genome-wide patterns of selection in 230 ancient Eurasians》, *Nature*, 2016, 528(7583): 499-503.

Pääbo S., 《The human condition-a molecular approach》, *Cell.*, 2014, 157(1): 216-26.

Sankararaman S., Patterson N., Li H. *et al.*, 《The date of interbreeding between Neandertals and modern humans》, *PLoS Genet.*, 2012, 8(10): e1002947.

인터넷 사이트

www.hominides.com

선사학과 인류의 진화에 대한 개관적 정보를 제공하는 사이트

www.college-de-france.fr/site/jean-jacques-hublin/_audiovideos.htm

콜레주 드 프랑스의 고인류학 교수 장자크 위블랭의 강의 영상

가볍게 꺼내 읽는 사피엔스
우리가 미처 몰랐던 인류의 진화

초판 인쇄 | 2020년 6월 10일
초판 발행 | 2020년 6월 15일

지은이 | 장바티스트 드 파나피외
옮긴이 | 이지은
펴낸이 | 조승식
펴낸곳 | (주)도서출판 북스힐
등록 | 1998년 7월 28일 제22-457호
주소 | 01043 서울시 강북구 한천로 153길 17
전화 | 02-994-0071
팩스 | 02-994-0073
홈페이지 | www.bookshill.com
이메일 | bookshill@bookshill.com

책임편집 | 이현미
디자인 | 신성기획
마케팅 | 김동준, 변재식, 이상기, 임종우, 박정우

ISBN 979-11-5971-256-2
정가 13,000원